똑똑한데 산만한 내 아이 집중력 키우는 10가지 로드맵

10대 집중력 수업

일러두기

이 책에 나오는 모든 정보와 사례, 조언은 남녀 모두에게 적용할 수 있습니다.
이 책에 수록된 모든 인적사항은 가상임을 밝힙니다.
개인정보 보호를 위해 청소년들의 이름을 가명으로 처리했지만 말투는 그대로 살려 실었습니다.

Smart but Scattered Teens: The "Executive Skills" Program for Helping Teens Reach Their Potential by Richard Guare, PhD, Peg Dawson, and Colin Guare

\ 똑똑한데 산만한 내 아이 집중력 키우는 10가지 로드맵 /

10대 집중력 수업

차례

서문
독립을 준비하는 10대를 위한
부모들의 똑똑하고 지혜로운 지침서 6

1장 산만한 10대 vs 난감한 부모

1. 똑똑한 내 아이가 산만한 이유 12
2. 아이의 실행능력 파악하기 44
3. 부모의 실행능력과 양육 유형 파악하기 60

2장 아이의 실행능력, 부모에게 달려있다

4. 10대 자녀의 실행능력 향상을 위한 10가지 로드맵 80
5. 10대를 움직이는 최고의 동기부여 99
6. 10대 자녀와 제대로 소통하는 법 119
7. 실행능력 가르치기 146

3장 실행능력을 기르기 위한 아이별 맞춤 솔루션

8. 성공을 위한 5가지 전략 182
9. 반응억제 강화하기 188
10. 작업기억 강화하기 200
11. 감정조절 강화하기 211
12. 융통성 강화하기 221
13. 지속적 주의력 강화하기 230
14. 과제착수 강화하기 240
15. 계획 우선순위 결정력 강화하기 249
16. 정리와 체계화 강화하기 258
17. 시간관리 강화하기 267
18. 목표지향적 인내심 강화하기 278
19. 상위인지 강화하기 288
20. 실행능력이 부족한 아이들을 위한 코칭 298

서문

독립을 준비하는 10대를 위한 부모들의 똑똑하고 지혜로운 지침서

10대 자녀를 뒀다면 부모 노릇이 만만찮다는 사실을 깨달았을 것이다. 금요일 저녁, 학업 스트레스 때문에 잔뜩 찌푸린 얼굴로 현관문을 나서는 아이는 폭발 직전의 상태다. 문가에 던져놓은 가방 안에는 부모의 도움 없이는 제때 끝마치지 못할 과제가 잔뜩 쌓여 있다.

14~19세 자녀를 둔 부모라면 힘이 갑절로 든다. 일과나 사소한 문제조차 제대로 관리하지 못하는 아이를 보고 있으면 부모의 고민은 깊어진다. 자녀가 현재 겪고 있는 문제들을 잘 극복하고 책임감 있는 어른으로 성장할 수 있도록 키우는 일이 영원히 끝나지 않을 전쟁처럼 느껴진다.

요즘 아이들은 무척 똑똑하다. 때로는 너무나 영리하고 창의적이라 감탄을 금치 못할 때도 있다. 아이가 무엇이든 해낼 것처럼 보이기도 한다. 그런데 왜 일상은 여전히 혼돈 그 자체일까? 왜 10대 자녀는 자기 물건을 제대로 정리하지 못하고 실습, 운동, 면접 등에 필요한 준비물을 제대로 챙기지 못하는 걸까? 또 보고서는 왜 매번 늦게 제출하고 약속은 왜 자꾸 잊어버릴까? 차 시간을 놓치거나 방을 온통 엉망으로 해놓은 걸 보고 있자면 복장이 터진다.

10대 자녀가 어떨 때는 잘 하다가 또 다른 때는 아무런 능력이 없는 것처럼 보이는 이유는 똑똑하지 못해서가 아니다. 청소년기의 발달 특성 때문도 아니고 아이들이 일부러 반항을 하는 것도 아니다. 아마 아이는 그 나이 때에 해야 할 일들을 해내느라 꽤나 노력 중일 것이다.

행동을 조절하고 목표를 정해서 실행하는 것, 해야 할 일과 하고 싶은 일 사이에서 균형을 잡는 것은 뇌의 기능이자 사고의 과정인 '실행능력'이 있어야 가능하다. 이것이 부족한 10대에게는 일상생활이 곧 전쟁일 수밖에 없다. 이때 부모는 아이에게 부족한 실행능력이 무엇인지 파악하고 그것을 키워줄 수 있는 방법을 배워야 한다. 아이가 약점보다는 강점을 적극적으로 활용하도록 도와야 한다. 이 책에는 바로 그런 내용들을 담았다.

필자들은 10대 청소년이 처한 현실에 주목했다. 늘어난 책임과 독립을 향한 욕구 사이에서 갈등하고 또래의 영향을 많이 받는 10대는 더 이상 부모에게 크게 의지하지 않는다. 부모 역시 아이가 예전처럼 부모의 도움을 순순히 받아들이지는 않을 거라 생각한다.

다들 잘 알고 있듯이 10대는 새로운 과제에 직면한다. 그들의 두뇌는 발달 과정에서 중요한 단계를 지나는 중이며, 실행능력이 아직 제자리를 잡지 못한 상태다. 10대가 '지킬 박사와 하이드'처럼 전혀 다른 두 모습을 보이는 이유는 바로 이 때문이다. 안정된 상태에서 이성적으로 행동하던 아이가 갑자기 고래고래 소리를 지르며 감정을 제어하지 못하기도 한다.

또래보다 실행능력이 취약한 10대는 더욱 심각하다. 아이는 물건을 제대로 간수하지 못해 여기저기 찾기 일쑤고, 길도 제대로 살피지 못하며, 정해진 기한을 지키는 법이 없고, 친구들이 하는 거라면 뭐든 따라한다. 실행능력이 부족한 10대 자녀를 뒀다면 양육의 어려움은 몇 배 더 커진다. 매일 큰소리가 나고 산만하기 이를 데 없다.

대부분의 부모들은 지금까지 자신들의 실행능력을 활용해 자녀를 도왔을 것이다. 아이가 물건을 정리하게끔 시키고, 옷이 어디에 있는지 찾지 못할 때는 찾아볼 만한 장소를 알려줬을 것이다. 또한 독서 감상문을 함께 써주고, TV를 끄고 과제에 집중하라고 '몇 번이나' 말했을 것이다.

하지만 이제 자녀 스스로 본인의 인생을 책임지도록 만들어야 한다. 신경과학 연구에 따르면 10대의 두뇌는 새로운 기술을 습득할 준비가 되어 있다고 한다. 청소년은 새로운 경험을 추구한다. 좀 더 긴밀한 사회적·정서적 관계를 원하고 새로운 스릴을 추구한다. 물론 부모의 걱정은 커져가겠지만 10대 자녀들은 독립을 향해 실행능력을 발휘할 기회를 얻게 된다.

이제부터 부모로서 자녀를 이끄는 것이 아니라 아이가 스스로를 이끌어 나가도록 도와야 한다. 그래야 아이의 실행능력이 발달하고 독립심이 길러진다. 부모의 역할이 달라지면 자녀와의 협상과 합의, 긍정적인 소통이 가능해진다. 10대는 자신의 목표를 스스로 정해야 한다. 부모는 그것을 이룰 수 있도록 격려하며 아이가 원할 때만 도움을 줘야 한다. 설령 그 목표가 부모가 원하는 모습과 다르더라도 말이다.

이쯤에서 분명히 해둘 것이 있다. 부모 역할을 아예 포기하면 안 된다. 부모들은 학교와 집에서 자녀가 무엇을 해야 하는지 정확히 알고 있으며, 통금 시간이라든가 음주와 흡연 등에 대한 행동 기준과 규칙도 나름 정해두고 있다. 늘 그래왔듯이 부모는 자녀가 쉽게 포기하지 않도록 격려하고, 큰 위기나 실패를 겪지 않도록 보호하면 된다. 다만 모든 위험으로부터 아이를 보호하라는 말은 아니다. 아이가 부모의 도움을 원치 않는다면 아이 스스로 자리를 툭툭 털고 일어나 다시 한 번 도전하게 놓아두는 것이 부모의 진짜 역할이다. 호랑이 부모가 되는 대신 옆에서 격려를 아끼지 않는 조력자가 되어야 한다.

우리는 10대 청소년이 밝은 앞날을 향해 달려나갈 수 있도록 도움을 주고자 한다. 이 책에 바로 그런 내용들이 나와 있다. 아이가 올바르게 성장하기 위해서는 많은 이들의 헌신이 필요하지만, 무엇보다 부모의 역할이 중요하다. 부모와 아이의 강점과 약점, 각자의 성격과 기질, 부모와 자녀 간의 상호작용 방식을 파악하고 이 책이 제시하는 전략을 활용한다면 10대 자녀를 보다 똑똑하고 지혜롭게 양육할 수 있다.

1장

산만한 10대 vs 난감한 부모

1

똑똑한 내 아이가 산만한 이유

스미스 씨 가족의 화요일 아침 6시 30분. 18살 아들 제스가 7시에 오는 버스를 타려면 6시 15분에 일어났어야 하는데 전혀 그럴 기미를 보이지 않는다. 제스의 엄마는 아들의 방문을 세게 두드리며 당장 일어나지 않으면 학교에 늦을 거라고 말한다. 제스는 베개에 얼굴을 묻은 채로 "괜찮아요, 제시간에 갈 수 있어요."라고 웅얼거린다. 엄마는 한숨이 절로 난다. 버스를 놓친 제스를 학교까지 데려다주고 나면 제때 직장에 출근하는 건 불가능하기 때문이다. 제스는 6시 40분이 되어서야 방에서 나와 시리얼 그릇을 붙잡고 신문의 스포츠 면을 뒤적거린다. 엄마는 몇 분 간격으로 제스에게 시간을 알려주고, 그럴 때마다 제스는 괜찮다고만 한다. 제스는 겨우 버스 시간에 맞춰 문밖을 나섰지만 15분 후에 엄마에게 전화를 해 숙제를 끼워둔 수학책을 책상 위에 두고 나왔으니 가져다 달라고 한다. 엄마는 출근길에 학교에 들러 전해줄 수 있을지 생각해본다. 제스가 예전에도 숙제를 빼먹은 적이 있었기 때문에 엄마는 그렇게 해주기로 한다.

지난 2주 동안 제스는 버스를 두 번 놓치고, 체육복을 한 번 집에 놓고 가고, 중요한 영어 과제를 늦게 제출했다. 제스의 담임 선생님은 제스가 대학에 진학하려면 더욱 책임감을 갖고 보다 의욕적으로 임해야 한다고 말했다. 선생님은 제스가 노력만 기울이면 해낼 수 있다고 생각한다. 그래서 방과 후에 남아 공부를 조금 더 하고 가면 어떻겠냐고 말했다. 그러나 제스의 부모는 확신이 없다. 아이가 고등학교에 입학한 후 1년 동안이나 '방과 후 수업'에 참여했지만 시간관리·상황판단·정리정돈 능력을 향상시키는 데 별 효과가 없었기 때문이다.

초등학교 때까지만 해도 제스는 곧잘 해내는 편이었다. 약간 흐트러지는 면이 있긴 했지만 늘 좋은 성적을 받았고, 선생님들 모두가 제스의 창의성을 칭찬했다. 중학교에 진학하고 나서는 부모가 더 많이 도와줘야 했지만, 성적은 여전히 좋았다. 그러나 제스가 고등학교에 올라가고부터는 부쩍 힘들어졌다. 중학교 선생님들은 알림장을 활용해 주기적으로 학생들의 과제를 체크해줬지만, 고등학교에서는 학생이 스스로 과제를 해야 했다. 제스는 점점 공부를 감당하기 힘들어했다.

> 스미스 씨 부부는 아들이 스스로 하길 바랐지만 계속 도와줄 수밖에 없었다. 나중에 가서는 아들이 스스로 해낼 것이라는 생각이 든다면 얼마든지 도울 수 있지만, 제스는 늘어난 과업을 해내는 데 필요한 기술을 습득하고 있는 것 같지 않다. 게다가 예전과 달리 부모의 도움을 반기지도 않는다. 제스가 짜증을 낼수록 부모와의 갈등이 커진다. 부모는 앞으로 벌어질 일들을 걱정하며 밤잠을 설친다. 한 살 더 먹으면 어떨까? 대학에 갈 때가 되면? 제스가 똑똑하긴 하지만 부모와 선생님의 도움 없이 성공할 수 있을까? 대학을 가겠다는 아이가 어쩜 저렇게 산만할 수 있는 걸까?

다른 많은 10대와 마찬가지로 제스의 문제는 지능에서 비롯된 것이 아니다. 제스는 중학교 때까지 꾸준히 우수한 학업 능력을 보여줬다. 그의 부모는 아이가 똑똑하고 매력적이며 창의력도 뛰어나다는 사실을 알고 있었다.

제스처럼 똑똑한 청소년은 굉장히 많다. 하지만 이들에게는 지능을 효과적으로 활용하는 데 필요한 두뇌 기반 기술이 부족하다. 이런 아이들은 행동을 조절하지 못하거나 특정한 상황에서 적절히 반응하지 못한다. 또는 시간관리나 정리, 체계화를 어려워한다. 익숙한 상황에서 말실수를 하거나 위험을 초래하는 아이들도 있다. 이들에게는 뭔가를 알기 위해 필요한 '지능'이 부족한 것이 아니라, 자신의 행동을 조절하기 위해 지능을 활용하는 ‘실행능력’이 부족하다.

실행능력이란 무엇인가?

실행능력이라고 하면 대부분 전략계획·의사결정·정보관리 같은 경영자에게 필요한 능력을 떠올리기 쉽다. 그러나 우리가 말하는 실행능력은 신경과학 용어로, 인간이 효과적으로 과업을 실행하고 문제를 해결하는 데 사용하는 두뇌 기반 기술을 말한다.

청소년이 되면 일상적인 과업을 관리하기 위한 실행능력이 필요하다. 그뿐만 아니라 또래들의 유혹과 방해에 맞서 행동을 조절해야 한다. 아침에 제때 일어나서 숙제를 잊지 않고 학교에 챙겨가는 간단한 것부터 방과 후 활동들을 관리하는 복잡한 일에 이르기까지 실행능력이 필수적으로 요구된다.

18살 제스가 부모의 잔소리 없이 아침 일과를 순조롭게 진행하려면 많은 실행능력이 필요하다. 아침에 준비할 시간이 얼마나 필요한지 계획해서 알람을 맞춰두고, 숙제를 정리해서 가방에 넣고, 제때 잠자리에 들고, 친구들이 보내는 문자에 답장하고 싶은 마음을 억눌러야 한다. 아침에 알람소리를 들으면 좀 더 자고 싶은 순간의 달콤함에 넘어가지 않고 침대에서 일어나야 하고, 집을 나서기 전에 챙겨야 할 것이 무엇인지 미리 생각해야 한다.

일반적으로 청소년들은 아침 일찍 일어나는 일을 힘들어한다. 청소년기에 접어들면 생물학적으로 '기상-취침'이라는 생체 시계가 변화하기 때문에 어른보다 더 많은 수면을 필요로 한다. 하지만 대부분의 학교에서는 청소년들의 이런 변화를 고려하지 않는다. 1교시를 늘 일찍 시작하기 때문에 등교 시간에 맞춰 일어나는 것 자체가 매우 힘들다. 또한 학교생활, 방과 후 활동, 교우 관계 등 여러 가지 일들로 하루를 쉴 틈 없이 보내는 10대들을 보면, 그들이 밤늦게까지 깨어 있을 수밖에 없는 이유를 이해할 수 있다. 따라서 우수한 실행능력을 가진 청소년도 시간 관리 문제를 겪을 수 있다.

제스의 사례에서 보듯 청소년이 되면 해야 하는 일들은 많아지는 반면 실행능력은 부족하기 때문에 생활이 힘들어진다. 학업성적이 뛰어난 학생이라도 학교생활에서 아슬아슬한 위기상황을 겪을 수 있다. 실행능력이 부족한 10대들은 계획 능력, 지속적 주의력, 정보조직력, 정서조절력과 그에 따른 행동조절력이 요구되는 일들을 처리할 때마다 어려움을 겪는다.

사춘기 후기에 이르면 독립심을 가져야 한다. 부모에게 더 이상 도움이나 조언을 구하지 말아야 한다는 뜻이 아니다. 시간표를 부모에게 대신 짜달라고 하거나, 언제 일을 시작해야 하는지 매번 물어보거나, 잃어버린 물건을 찾아달라고 하거나, 학교생활에 신경을 써달라고 하지 말아야 한다. 자녀가 이 시기에 이르면 양육자로서의 부모 역할은 거의 끝난 셈이다. 부모는 자녀를 독립적인 존재로 인식하고 그 사실을 편안하게 받아들여야 한다. 이제는 아이가 최선을 다하기만 바라면 된다.

이런 수준의 독립심을 갖기 위해서는 실행능력을 발달시켜야 한다. 엄마가 방에서 나가는 모습을 본 아기가 금방 울음을 터뜨리지 않고 잠시 시간이 지난 후 엄마를 찾으며 우는 모습을 본 적이 있을 것이다. 5살배기 아기가, 엄마가 조심스레 타이르듯 "그러면 안 된다."라고 혼잣말하는 모습을 본 적이 있을 것이다. 9살짜리 아이가 공을 쫓아 쪼르르 달려가다 잠시 멈춰서 주변을 살피는 것을 본 적이 있을 것이다. 10대가 부모의 도움 없이 아르바이트를 찾고, 시간표를 짜는 것을 본 적이 있을 것이다. 이런 모습들이 바로 실행능력의 발달을 보여주는 예다.

인지·행동·학습을 주관하는 11가지 실행능력

실행능력에 관한 연구는 1980년대부터 시작되었다. 당시 외상으로 뇌손상을 입은 아이들을 치료하면서 이 아이들의 인지·행동·학습 문제들이 실행능력의 결핍에서 온다는 것을 알게 되었다. 그리고 주의력 장애를 지닌 아이들에게서도 비슷한 문제가 나타나는 것을 봤다. 이것을 시작점으로 우리는 실행능력 발달에 대한 연구를 진행했다. 다른 형태의 실행능력 체계도 있지만 우리의 모델은, 부모나 선생님이 직접 아이들의 실행능력을 길러주는 것을 목표로 한다. 우리의 실행능력 모델은 다음의 두 가지 전제를 바탕으로 한다.

1. 대부분의 사람들에게는 장점과 단점이 모두 있다. 실행능력도 마찬가지다. 뛰어난 능력을 보이는 분야가 있는 반면, 실행능력의 취약성이 드러나는 분야도 있다. 실행능력 부족은 누구나 겪는 일반적인 현상이다. 이 모델은 어린이와 성인 모두에게 적용되며, 정상적으로 발달 중인 경우는 물론 인지장애·행동장애·학습장애 진단을 받은 경우에도 마찬가지로 적용된다. 우리는 다음과 같은 내용에 주안점을 두고 실행능력 모델을 만들었다. 아이들이 자신의 강점을 발견해 강화할 수 있도록 하고 약점은 극복하거나 피할 수 있게 함으로써 전반적인 능력이 향상되도록 했다. 부모 또한 자신의 강한 실행능력과 취약한 실행능력을 파악해 자녀를 최대한 도울 수 있게 했다.

2. 취약한 실행능력을 파악하는 주된 목적은 취약성을 어떻게 개선할지 설계하고 실행하도록 하기 위해서다. 아이에게 필요한 능력을 기르도록 돕고, 취약성 때문에 발생하는 문제들을 막거나 최소화하는 방법을 찾아야 한다. 실행능력을 세분화할수록 각각의 실행능력을 키우는 것이 더 쉬워지며, 취약한 실행능력을 개선하기 위한 방법을 찾는 것도 더 쉬워진다.

예를 들어 '산만하다'는 단어를 살펴보자. 부모들은 이 단어를 읽자마자 바로 자기 아이를 떠올린다. 그러나 산만하다는 것은 뭔가를 잘 잊어버리거나 정리정돈을 못하는 것을 의미할 수도 있고, 끈기가 부족하거나 주의력이 쉽게 느슨해진다는 의미일 수도 있다. 그리고 이런 문제들의 해결책은 모두 제각각이다. 따라서 문제를 세분화할수록 그 문제를 해결하는 전략을 찾기가 수월해진다.

다음은 우리가 열한 개로 세분화한 실행능력 체계다.

- 반응억제
- 작업기억
- 감정조절
- 융통성
- 지속적 주의력
- 과제착수
- 계획·우선순위 결정력
- 정리와 체계화
- 시간관리
- 목표지향적 인내심
- 상위인지

모든 실행능력이 중요하지만 10대 자녀에게 특히 필요한 실행능력에 대해 더 잘 알아야 한다. 예를 들어 학교생활, 운동, 학업, 교우 관계를 잘 해내기 위해서는 실행능력 가운데서도 과제착수와 계획·우선순위 결정력, 정리와 체계화, 시간관리 능력이 특히 중요하다. 한밤중에 부모를 벌떡 일어나게 만드는 10대의 문제 행동을 줄이기 위해서는 반응억제를 향상시킬 필요가 있다.

다음의 표에 실행능력을 중요도에 따라 나열한 뒤 각 실행능력을 정의하고, 10대 자녀에게서 그 능력들이 어떻게 나타나는지 예를 들어 설명했다.

실행능력의 정의와 예시

실행능력	정의	예시
반응억제	행동으로 옮기기 전에 한 번 더 생각함으로써 충동적인 말이나 행동을 자제하는 능력. 상황을 판단하고 자신의 행동이 주변에 어떤 영향을 주는지 예상할 수 있다.	행동으로 옮기기 전에 그에 따른 결과를 미리 생각하는 아이가 있지만, 결과를 미리 생각하는 건 시간 낭비라 여기고 바로 행동으로 옮기는 아이도 있다.
작업기억	복잡한 과제를 하는 동안 정보를 기억하는 능력. 과거의 지식이나 경험을 되살려 현재의 상황에 적용하거나 앞으로의 계획을 세울 수 있다.	자기 물건을 잘 챙기고, 해야 할 일을 아주 잘 기억하는 아이가 있지만, 엉뚱한 곳에 물건을 둔 채 "나중에 치울게요."라고 말하고선 깜박 잊어버리는 아이도 있다. 경험이나 실수를 통해 배우는 아이도 있지만 그렇지 않은 아이도 있다.
감정조절	목표를 달성하고 주어진 일을 완수하기 위해 감정을 조절하는 능력. 또는 행동을 스스로 조절하는 능력.	짜증이 나도 진정하고 예상치 못한 일도 의연하게 받아들이는 아이가 있지만, 쉽게 화를 내며 작은 일에도 짜증을 내고 스트레스를 받는 아이도 있다.

실행능력	정의	예시
융통성	장애물이나 방해 요인, 새로운 정보가 생기거나 시행착오가 있을 때 계획을 수정하는 능력. 상황 변화에 대한 적응력과 관련이 있다.	상황이 흘러가는 대로 적응하고 계획을 조정하는 아이가 있고, 미리 계획한 대로 되지 않으면 화를 내는 아이도 있다.
지속적 주의력	산만함, 피로, 지루함을 극복하고 특정상황이나 과제에 집중력을 발휘하는 능력.	부모가 재촉하지 않아도 숙제를 끝내는 아이가 있지만, 시작해놓고도 끝을 내지 못하는 아이도 있다.
과제착수	해야 할 일을 미루지 않고 적절한 때에 곧바로 시작하는 능력.	재미있는 일을 미루고 숙제를 시작하는 아이가 있고, 재미있는 일을 참는 것을 힘들어하며 숙제를 최대한 뒤로 미루는 아이도 있다.
계획·우선순위 결정력	목표를 달성하거나 과제를 마치기 위해 계획을 세우는 능력. 이를 통해 일의 중요도를 파악할 수 있다.	과제를 하는 데 필요한 단계를 잘 파악하거나, 갖고 싶은 물건을 사기 위해 용돈을 절약하는 아이가 있다. 계획을 못 짜거나 값비싼 물건을 갖고 싶어 하면서도 용돈을 절약하는 방법을 모르는 아이도 있다.

실행능력	정의	예시
정리와 체계화	과제에 필요한 정보나 자료를 파악해 체계를 만들고 유지하는 능력.	공책 정리를 잘하거나 쓰고 난 물건을 가방에 잘 넣어두는 아이가 있지만, 공책이나 가방이 제대로 정리되지 않아 필요한 것을 찾지 못하거나 자기 물건을 집 안 여기저기에 늘어놓는 아이도 있다.
시간관리	주어진 시간을 적절하게 분배해 기한에 맞추는 능력. 시간의 중요성을 인식하는 능력도 포함된다.	등교 시간을 잘 지키거나 숙제를 제때 내는 아이가 있지만, 지각을 밥 먹듯이 하거나 제때 과제를 내는 법이 없고 다른 일을 하느라 숙제할 시간조차 없는 아이도 있다.
목표 지향적 인내심	목표를 세우고 이를 완수하는 동안 주변 자극에 현혹되지 않고 일을 미루지 않는 능력.	장기적인 목표를 이루기 위해 즐거운 일을 뒤로 미루고 참는 아이가 있지만, '젊음도 한때'라는 생각으로 목표를 이루는 과정에서 장애물을 만나면 포기해버리는 아이도 있다.
상위인지	자신이 문제를 어떻게 해결하고 있는지 한 걸음 물러서서 객관적으로 바라보는 능력. 자신을 점검하고 평가하는 능력도 포함된다.	자신의 행동이나 생각이 다른 이들에게 어떤 영향을 미치는지 잘 아는 아이가 있지만, 자신의 생각을 남에게 이해시키려고만 하고 다른 이들의 피드백을 받아들이지 않는 아이도 있다.

어느 때보다도 실행능력이 필요한 10대

실행능력이 어떤 순서로 발달하는지 알게 되면 10대 자녀가 어느 수준에 이르렀는지, 자녀에게 기대할 수 있는 것은 무엇인지 알 수 있다. 영아를 대상으로 한 연구를 보면 반응억제, 작업기억, 감정조절, 지속적 주의력 등의 실행능력은 생후 6~12개월부터 발달하기 시작한다. 계획능력은 아이가 물건을 얻기 위한 방법을 알아내는 과정에서 발달하기 시작한다. 생후 12~24개월 사이에 아기가 주변의 변화에 어떻게 반응하는지를 보면 융통성이 발달했는지를 알 수 있다. 과제착수, 정리와 체계화, 시간관리, 목표지향적 인내심 등과 같은 실행능력은 취학 전 어린이부터 초등학생 시기에 나타나며, 상위인지는 가장 늦은 시기인 12살 또는 13살에 나타난다.

부모는 아이가 크면서 행동을 조절하는 능력, 즉 실행능력을 발달시키는 과정을 목격한다. 아이가 4살 때는 붐비는 주차장에서 손을 꼭 잡고 다녀야 했지만, 9살 때는 말로만 주의를 주고 따로 떨어져 걸어 다닐 수 있었을 것이다. 아이가 처음 독립심을 보이는 시기가 되면 부모의 지시나 도움 없이 행동을 조절하기도 한다. 문제를 해결하는 능력이 충분하지는 않아도 아이 스스로 해보려는 의욕이 커지는 것을 볼 수 있다.

이제 우리 아이들은 청소년기에 접어들었다. 10대 자녀가 학교생활과 학업성취, 또래와의 긍정적인 상호작용, 술·담배·성관계 등에 노출될 때 스스로를 안전하게 관리하기 등과 같은 청소년기의 도전 과제들을 안전하게 수행하고 4~6년 내에 자기관리를 위한 충분한 능력을 갖추기 위해서는 실행능력을 발달시키는 일이 매우 중요하다. 10대 자녀의 실행능력을 발달시키려면 부모가 자신의 실행능력을 이해하고, 어떻게 아이를 도와야 하는지 잘 아는 것이 중요하다.

10대가 자신의 정체성을 확립하고 싶어 하는 것은 발달 단계상의 자연스러운 현상이다. 정체성을 확립한다는 의미는 스스로 결정하는 능력을 갖춘다는 뜻이다. 또한 이 시기에는 의사를 결정할 때 또래의 영향을 많이 받는다.

실행능력이 특히 부족한 10대 자녀의 부모는 어려움에 직면한다. 그들은 자녀가 심각한 실수를 저지르지 않도록 지속적으로 관찰하고 지도해야 한다고 생각한다. 하지만 현실적으로 부모가 자녀의 의사결정을 통제하려고 하면 부모와 자녀 간의 갈등이 잦아진다. 그렇다고 부모가 자녀를 지도하지 않으면 10대의 미성숙한 의사결정으로 인해 많은 문제가 생긴다. 이처럼 부모와 10대 자녀는 타협점을 찾기 힘든 상황에 놓인다. 그렇기 때문에 자녀가 실행능력을 얻는 과정과 방법을 먼저 이해할 필요가 있다.

실행능력은 어떻게 발달하는가?

실행능력은 생물학적 요인과 경험적 요인의 영향을 받아 형성된다.

생물학적 또는 신경학적 요인에 의한 실행능력은 선천적으로 두뇌에 자리 잡고 있다. 언어 능력과 마찬가지로 태어날 때부터 잠재적으로 지니고 있는 능력이다.

두뇌에는 타고난 실행능력 장치가 있어서 이후에 얼마든지 발달할 수 있고, 많은 요인이 발달에 관여한다. 심리적 외상이나 뇌손상을 입어 뇌, 특히 전두엽에 문제가 있는 경우에는 실행능력 발달에 심각한 문제가 생긴다. 유전자도 실행능력 발달에 주요한 요인으로 작용하기 때문에 부모가 물려준 유전자도 자녀의 실행능력에 영향을 미칠 수 있다. 부모가 지속적 주의력이나 정리와 체계화가 취약하다면 자녀 역시 같은 문제를 겪게 될 가능성이 크다. 환경과 관련해서 보면 생물학적으로나 물리적으로 유해한 환경에 노출된 아이들이 실행능력 발달에 어려움을 겪을 가능성이 크다. 유해한 환경이란 아이에게 해로운 모든 환경을 말한다. 또한 심각한 심리적 스트레스가 실행능력의 발달에 큰 영향을 미친다는 증거들이 속속 드러나고 있다. 하지만 정상 수준의 생물학적 기능을 지니고 특이한 유전적, 환경적 문제가 없는 경우라면 아이의 두뇌는 정상적으로 발달한다.

생물학적 요인과 경험적 요인

아기가 태어날 때 두뇌의 무게는 약 368그램이며, 10대 후반이 되면 거의 1.35킬로그램까지 증가한다. 두뇌의 크기와 무게가 증가하면 아이에게 많은 변화가 생긴다. 먼저 두뇌의 신경세포nerve cell 수가 크게 늘어난다. 신경세포는 아이가 생각하고 느끼고 행동할 때 정보를 전달해야 한다. 그래서 다른 신경세포들과 정보를 주고받는 기능을 하는 가지들을 발달시킨다. 신경돌기와 가지돌기라고 부르는 이 가지들은 영아기와 걸음마기에 급격히 발달하며, 서로 시냅스로 연결되어 정보를 주고받는다. 전기신호로 정보를 전달하는 뉴런neuron은 신생아 때 2,500개의 시냅스를 가지고 있다가 아기가 5살이 되면 1만 5,000개에 이르는 시냅스를 갖게 된다.

발달 초기에는 미엘린이라고 하는 신경섬유를 보호하는 인지질 성분이 신경돌기를 싸고 두터운 막을 만든다. 이를 '수초화'라고 하는데, 이 과정에서 신경 신호를 전달하는 작은 가지들이 보호되면서 뇌세포들이 더 빠르고 효과적으로 소통한다. 수초화 과정은 청소년기 후반까지 계속되며 뇌의 백질이 발달하는 데 영향을 미친다. 신경돌기 다발로 구성된 백질은 뇌의 각기 다른 영역과 연결되어 서로 상호작용을 할 수 있다.

학습과 사고력을 담당하는 회백질도 있다. 뉴런과 시냅스로 구성된 회백질은 위에서 설명한 것과 같은 방식으로 정보를 주고받는다. 이런 두뇌 물질들의 발달 과정은 꽤 복잡하다. 임신 5개월쯤이면 태아의 뇌에 약 1천억 개의 뉴런이 생성되는데, 이 숫자는 보통 성인의 뉴런 수와 맞먹는다. 또 영아의 뇌에는 성인보다 훨씬 많은, 약 1천조 개의 시냅스가 존재한다. 만일 회백질의 발달이 이런 속도로 진행된다면 성인의 뇌는 지금보다 훨씬 컸어야 한다. 그러나 그렇게 커지는 대신 다른 현상이 생긴다. 회백질은 영아기 때 1차로 급증하고 8살 무렵에 절정을 이룬 다음 점차 감소한다. 그 이후부터는 뉴런의 가지치기가 일어난다. 최근에 나온 연구결과에 따르면 이런 가지치기를 통해 실행능력이 더 효과적으로 발달한다고 한다. 반면 회백질의 추가 발달은 새로운 학습에 오히려 방해가 된다고 한다.

최근까지 학자들은 뉴런과 시냅스의 증가, 가지치기가 어린이의 발달 초기에 단 한 번 일어난다고 봤다. 그러나 최신 연구결과에 따르면 뉴런과 시냅스는 사춘기 직전에 다시 한 번 크게 늘어나고, 청소년기 내내 가지치기가 이뤄진다고 한다.

실행능력 발달에 관한 연구에 따르면 사춘기 이전의 폭발적인 두뇌 성장은 주로 전두엽에서 일어난다고 한다. 과학자들도 전두엽이 실행능력 발달에 결정적인 역할을 한다는 데 전반적으로 의견을 같이한다. 따라서 전두엽과 전전두엽, 그리고 인접한 연결 부위에서 실행능력을 담당하는 것이 확실하다고 볼 수 있다. 이런 맥락에서, 두뇌는 사춘기 때 필요로 하는 중요한 실행능력을 발달시키기 위해 10대 이전부터 준비한다고 볼 수 있다.

다음에 나오는 그림에는 실행능력을 관장하는 전전두엽과 다른 기능을 담당하는 두뇌 영역들의 대략적인 위치가 표시되어 있다.

미국국립정신건강연구소에 따르면, 사춘기 이전에 전두엽을 사용하지 않으면 전두엽은 그 기능을 소실한다고 한다. 계속 사용하는 신경은 살아남지만 잘 쓰지 않는 신경은 기능을 잃게 된다. 실행능력을 반복적

주요 기능을 담당하는 두뇌 영역의 위치

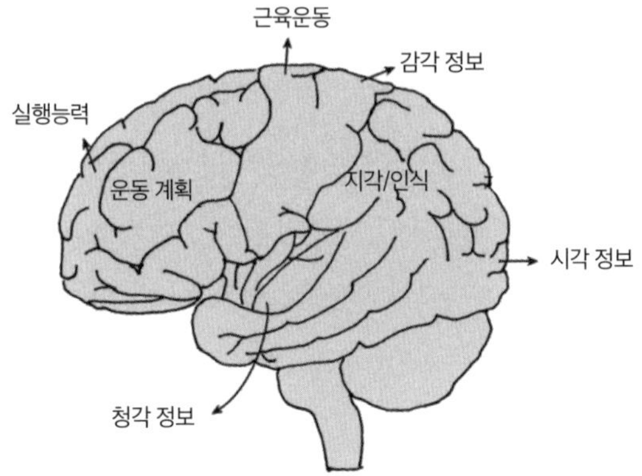

으로 사용하고 연습하는 아이는 조절력과 독립심을 갖춘다.

대부분의 부모들은 자녀가 어렸을 때 아이의 취약한 실행능력을 알아차리고, 그것을 수년 동안 연습시켜 보완하려고 했을 것이다. 부모가 자녀의 취약한 실행능력이 무엇인지 알고, 그 취약성을 메우기 위해 어떤 전략을 사용해야 하는지 아는 것은 분명 도움이 된다. 그렇다면 아이의 취약한 실행능력을 조기에 발견하고 개입하면 아이가 청소년기에 접어들 무렵에는 그 능력이 향상되어 있을까? 조기 개입이 도움이 될 수도 있지만, 달리 생각해보면 자녀의 취약성이 너무 두드러진 탓에 일찍 발견된 것일 수도 있다. 이런 경우라면 그 취약성은 청소년기에도 여전할 것이다. 자녀가 이제 청소년이 되었다면 이전부터 해왔던 연습을 계속하는 것도 중요하지만 발달 단계에 맞는 새로운 실행능력을 키우고 연습하는 것이 필요하다.

연습이 실행능력을 키우는 데에 매우 중요한 이유는 또 있다. 기능적 자기공명영상fMRI으로 두뇌를 촬영한 결과, 실행능력이 요구되는 일을 할 때 어린이나 10대는 두뇌의 다른 영역보다도 전전두엽을 주로 사용한다는 사실을 알 수 있었다. 청소년은 위급한 상황에 처한 경우, 위험이 분명히 파악되지 않기 때문에 전두엽을 사용해 실제로 위험한 상황인지 판단하려고 노력한다. 이와 반대로 성인은 위험을 파악하고 이해하는 연습이 충분히 되어 있기 때문에 전두엽 영역을 크게 활용하지 않는다. 성인이 안전이나 생존에 대해 신속한 판단을 내릴 때는 편도체나 섬엽이 활성화된다. 성인이 청소년과 달리 두뇌의 넓은 영역을 두루 사용할 수 있는 이유는 수년간 신경 회로를 발달시키는 연습을 했기 때문이다.

청소년 두뇌의 신비

청소년의 두뇌는 생활하는 데 필요한 기술을 배우기에 매우 적합하다. 두뇌의 가지치기 과정은 연습과 경험을 통해 계속된다. 사용하지 않는 시냅스와 가지돌기의 가지들은 점진적으로 줄어들고, 필요한 시냅스 간의 연결은 강화되며, 신경돌기의 수초화 과정을 통해 신경 간 정보 전달 효율은 높아진다. 또한 사춘기가 시작될 무렵인 12살에서 14살 사이에 청소년 두뇌의 가소성이 새롭게 재편된다. 신경세포는 자극이 없으면 서서히 죽어가지만 자극을 주면 정보를 전달하기 위해 가지를 뻗게 되는데, 이를 가소성이라고 한다. 사춘기 이전까지 겪었던 것들과 향후 10년 동안 겪을 경험들에 의해 두뇌가 재편되는 것이다. 청소년의 두뇌는 기술을 배우기에는 알맞은 반면, 의사결정을 하는 데에는 적합하지 않다. 그 이유를 알기 위해서 청소년기 두뇌의 다른 특성들에 대해서도 알아보자.

앞에서 10대는 위험한 상황이 닥치면 전두엽을 사용해 상황을 파악하려고 노력한다는 것을 알았다. 그들이 위험의 정도를 가늠하는 능력은 성인 못지않다. 그럼에도 10대가 성인보다 위험한 행동을 더 많이 하는 이유는 무엇일까?

신경과학자들이 '뜨거운 인지'와 '차가운 인지'의 대결이라 부르는 것이 그 원인이다. 뜨거운 인지란 10대들이 심하게 흥분한 상태에서 생각하는 것을 일컫는다. 예를 들어 부모와 10대 자녀가 외박 문제로 대립할 때 아이는 뜨거운 인지를 한다. 10대는 쉽게 감정적으로 변한다. 왕따에 대한 두려움, 멋지게 보이고 싶은 욕구, 누군가를 실망시키는 일, 부모와의 의견 대립 같은 것이 아이로 하여금 덜 이성적인 생각을 하게 만든다. 이것이 자녀가 철이 든 것처럼 보이다가도 어떨 때는 감정 기복이 심하고 요구가 많은 7살 아이처럼 보이는 이유다. 따라서 부모는 10대 자녀와 논의할 때 차가운 상태를 유지해야 한다. 부모까지 감정적으로 반응하면 10대의 불같은 정서에 기름을 끼얹는 격이 되기 때문이다.

청소년기 두뇌의 두 번째 특성은 신경전달물질과 관련이 있다. 신경전달물질은 화학물질 같은 것으로, 신경세포 사이를 오가며 신호를 전달할지 차단할지 결정하는 일을 한다. 신경전달물질 가운데 도파민과

세로토닌은 청소년기에 감소한다. 도파민의 감소는 기분 변화를 일으키고 감정조절 문제를 야기한다. 세로토닌이 감소하면 충동조절 능력이 떨어진다. 한편, 멜라토닌이라는 신경전달물질은 청소년기에 증가하는데, 이는 24시간 생체리듬과 수면-기상 순환을 담당하는 물질이다. 멜라토닌이 증가하면 수면욕이 크게 높아지는데, 그래서 10대 자녀가 늦잠을 자는 것이다. 안타깝게도 청소년들은 엄청난 기분 변화를 겪고, 감정과 충동을 조절하는 능력은 떨어지는 데다 잠을 자도 피곤한 시기를 보내는 중이다.

청소년기 두뇌의 세 번째 특성은 변연계와 관련이 있다. 변연계는 보다 원시적이고 정서적인 부분을 관장하는 영역이다. 성인도 변연계로부터 발생하는 감정을 경험하지만 전전두엽이 이들을 조절하고 가라앉히는 기능을 수행한다. 그러나 10대는 앞서 언급한 여러 변화들을 겪고 있는 데다 전두엽과 전전두엽이 완전히 발달하지 않아 의사를 결정할 때 두뇌의 정서적인 부분에 더 의지한다. 그 결과, 쉽게 화내고 격렬한 감정 변화를 보이며 논리보다는 직감에 따라 결정하게 된다.

청소년기 두뇌의 마지막 특성은 감각 추구와 관련이 있다. 측좌핵은 두뇌의 '보상중추' 가운데 하나다. 이 영역은 10대에 크게 예민해져서 욕구에 따라 움직이라는 강력한 신호를 보낸다. 10대가 되면 쾌감을 주는 신경전달물질인 도파민이 감소하는데, 이때 줄어든 쾌감을 원래 수준으로 보상받기 위해서는 더 강한 자극이 필요하다. 그래서 청소년은 더 새롭고 강렬한 흥분과 스릴을 추구하게 된다.

전전두엽이 핵심이다

앞에서 살펴본 바와 같이 전전두엽은 실행능력이 발달하고 활용될 때 핵심적인 역할을 한다. 전전두엽은 성인기 초반이 되어서야 비로소 완전히 발달한다. 뇌의 영역 가운데 가장 마지막에 발달하는 축에 속한다. 전전두엽은 우리가 정보를 어떻게 처리하고, 어떻게 행동할지 결정하도록 돕는다. 전전두엽이 정상적으로 발달하면 아래와 같이 행동을 조절할 수 있다.

1. 전두엽은 우리가 무엇에 주의를 기울이고 어떤 행동을 할지 결정하도록 돕는다. 17살인 자녀가 친구로부터 온라인게임 초대 문자를 받았을 때를 예로 들어보자. 아이는 게임을 하고 싶긴 하지만 수학 숙제를 먼저 끝내기로 결정한다. 왜냐하면 엄마가 집에 돌아오면 숙제를 확인할 것을 알기 때문이다.

2. 전두엽은 여러 행동들을 연결하는 역할을 한다. 덕분에 우리는 과거의 경험을 바탕으로 앞으로의 일을 결정할 수 있다. 예를 들어 16살인 자녀가 친구 집에서 자고 오는 계획을 짤 때는 함께 자기로 한 친구들이 누구인지, 같이 있어줄 부모는 누구인지, 그 부모의 연락처와 통화할 수 있는 시간은 언제인지와 같은 세세한 내용을 부모에게 알려야 한다는 것을 기억한다. 그래서 아이는 부모에게 허락을 구하기 전에 이 모든 정보를 준비해둔다.

3. 전두엽은 내부 또는 외부의 제약들을 고려해서 감정과 행동을 적절하게 조절하도록 돕는다. 또한 문제를 일으키지 않고 욕구를 충족할 수 있게 해준다. 17살 자녀가 학교에서 만난 새로운 친구와 함께 모임에 가려고 할 때를 예로 들어보자. 19살인 형이 그 모임에 가면 술을 마시게 될 것 같다고 부모에게 알리자 아이는 화가 났지만 형이나 부모와 이 문제로 싸우지 않기로 결정한다.

4. 전두엽은 관찰하고 평가하고 조정하는 역할을 한다. 덕분에 우리는 타인의 피드백을 통해 행동을 수정하고 새로운 전략을 취할 수 있게 된다. 16살인 자녀가 미술 준비물을 깜박 잊고 챙겨가지 않아 수업에 참여하지 못했다고 가정해보자. 아이는 등굣길에 나서기 전에 준비물을 챙겼는지 확인해서 다음부터는 이런 일이 생기지 않게 한다.

실행능력의 생물학적 요인과 인간의 두뇌 발달에 관한 이야기를 통해 우리가 내린 결론은 무엇일까? 첫째, 실행능력은 청소년기의 도전 과제를 성공적으로 해내는 데 필수적으로 요구된다. 따라서 10대 자녀를 둔 부모들은 아이의 실행능력을 향상시키는 일을 목표로 삼게 된다. 둘째, 태어날 때 지닌 실행능력은 잠재적인 것에 불과하며, 갓난아기는 실제로 실행능력을 가지고 있지 않다. 셋째, 실행능력을 담당하는 전두엽이 완전히 발달하기까지는 약 25년이 걸린다. 이 세 가지를 종합하면, 어린이와 청소년이 자신의 전두엽을 활용해 스스로 행동을 조절하기란 쉽지 않다는 결론에 도달한다.

그렇다면 해결책은 무엇인가? 바로 부모의 전두엽을 아이에게 빌려주는 것이다. 지금까지 이런 양육 방식을 생각해본 적이 없었다 해도 위에서 내린 세 가지 결론을 곱씹어본다면 이해가 될 것이다.

부모의 전두엽을 자녀에게 빌려주자

아이가 아주 어리면 부모는 자신이 아이의 전두엽 그 자체라 할 정도로 모든 것을 챙겨준다. 부모는 아이가 안전하고 편안하게 생활할 수 있도록 자신의 실행능력을 활용한다. 먹는 것, 자는 것 등 기본적인 행동을 살피고, 아이가 기분이 상하거나 힘들어하면 문제를 해결해준다.

갓 태어난 아기가 할 수 있는 것은 고작 먹고 자고 우는 것밖에 없다. 모든 것을 부모가 해주는 대로 온전히 의지한다. 그러나 생후 5~6개월이 되면 아기는 일부 능력을 발달시키기 시작한다. 5~6개월 된 아기가 발달시킬 수 있는 실행능력은 반응억제다. 반응억제는 사람이나 상황에 반응을 하거나 하지 않는 능력으로, 행동을 조절하는 핵심적인 능력이다. 아이가 갖고 싶어 하는 물건을 앞에 두고도 바로 가져가거나 만지지 않는 것을 보며 감탄한 적이 있을 것이다. 6개월쯤 된 아기가 반응억제를 발달시키기 시작하면 부모는 지금까지 본 적 없는 놀라운 변화를 목격한다.

6개월에서 12개월 사이, 반응억제는 눈에 띄게 발달한다. 9개월 된 아기가 옆방에 있는 엄마를 향해 기어가는 것을 예로 들어보자. 불과 한두 달 전까지만 해도 아기는 엄마에게 기어가다가 도중에 좋아하는 장난감이 보이면 정신이 쏠려 가던 길을 멈췄다. 그러나 아기가 9개월에 이르면 장난감을 지나쳐 곧장 엄마에게 기어간다. 또한 이 시기에 아기는 상황에 따라 감정을 표현하거나 억누르는 모습도 보여준다. 이 무렵 아기의 반응을 이끌어내느라 이것저것 시도해봐도, 아기가 전혀 반응하지 않거나 아예 몸을 돌려버리는 경험을 해본 적이 있을 것이다. 그럴 때면 마치 아기에게 거절당한 기분마저 든다. 이처럼 아기는 아주 이른 시기부터 특정한 사람이나 상황에 반응하는 것과 반응하지 않는 것이 얼마나 큰 효과가 있는지 배우기 시작한다.

5~6살쯤에는 친구가 장난감을 뺏으려 하면 그 아이를 때리는 대신 말로 제지할 수 있게 된다. 11살이 되면 도로에 공을 주우러 곧장 뛰어들지 않고 주변을 살피게 되고, 17살이 되면 "이 오토바이가 얼마나 빨리 달릴 수 있는지 한번 시험해보자."라고 부추기는 친구의 말에도 흔들리지 않고 제한속도까지만 달리는 모습을 보여준다.

실행능력 가운데 작업기억도 이 시기에 발달하기 시작한다. 작업기억이 없는 아기는 직접 보고, 듣고, 만지고, 맛보고, 냄새를 맡지 못하면 이 세상에 존재하지 않는 것으로 여긴다. 6개월쯤 지난 아기는 사물이나 장소, 사람이 눈앞에 없더라도 그에 대한 시각적 정보를 유지하는 능력을 발달시킨다. 이것은 아기가 자신의 세계를 가지기 시작했다는 뜻이다. 또한 작업기억이 생기면 뭔가를 스스로 결정할 기회를 갖게 된다. 예를 들어 엄마가 방을 나간 뒤 곧바로 돌아오지 않으면 아기는 엄마를 마지막으로 본 장소를 바라보다가 울음을 터뜨린다. 그러면 엄마가 급히 돌아온다. 이런 일을 겪으면서 아기는 '빨리 엄마가 돌아오면 좋겠어. 내가 울면 엄마는 돌아와.'라고 이해한다.

경험이 쌓이면 아이는 작업기억을 통해 과거의 일을 떠올리고 그것을 현재의 상황에 적용하며 앞으로의 일도 예상한다. 예를 들어 14살 아이는 '지난 토요일에 엄마가 청소하는 것을 도와드렸더니 끝나고 함께 쇼핑을 갔어. 오늘도 엄마 일을 도와드리면 좋은 일이 생길지도 몰라.'라고 생각한다. 또는 아르바이트를 하는 17살 아이가 '사장님이 밤 근무를 해달라고 하면 거절해야 할 것 같아. 지난번에 시험 전날 늦게까지 근무하는 바람에 공부할 시간이 부족해서 성적이 엉망이 됐으니까.'라고 생각한다.

부모는 자녀의 작업기억을 발달시키기 위해 이것저것 시도해볼 수 있다. 예를 들어 툭 치면 움직이거나 소리가 나는 장난감을 가지고 놀게 할 수 있다. 아기는 자신이 툭 칠 때마다 장난감이 반응하는 것을 보면서 원인과 결과를 배운다. 또는 장난감을 숨기고 찾아보게 하는 놀이를 하는 것도 도움이 된다. 아기가 말을 배우게 되면 부모가 알려준 지시나 규칙을 기억해서 자신의 행동을 조절하기 시작한다. 이때부터는 아기에게 "이걸 하려면 뭐가 필요하지?" 또는 "지난번에 이런 일이 생겼을 때 어떻게 했더라?" 하고 물어볼 수 있다.

아이가 아동기를 거치는 동안 여러 실행능력이 생겨나고 발달한다. 청소년기에 이르면 아이는 이 모든 능력을 활용한다. 하지만 10대의 실행능력은 아직 미숙한 상태이므로 자녀가 문제상황이나 위험에 처하면 부모가 자신의 전두엽을 활용해서 지속적으로 도와야 한다. 저녁에 외출하기 전에 방에 양초를 켜둔 채로 나가는 딸도 있을 것이고, 보호자 없이 야밤에 PC방에 가려는 아들도 있을 것이다. 고등학교를 마칠 무렵의 청소년이 여전히 저조한 학업성적을 보이는 경우도 있다. 술, 담배, 성관계를 하는 10대도 있을 수 있다.

부모는 10대 자녀가 미숙하다는 사실을 잘 알고 있다. 10대 자녀의 행동은 상황에 따른 것일 때가 많다. 지금 당장 경험하는 것에 크게 영향받기 때문에 TV, 모바일게임, 컴퓨터 등과 같이 즉각적인 만족을 얻는 상황이나 활동에 끌린다. 또한 또래를 그 무엇보다 중요시하고 그들의 영향을 많이 받는다. 10대들은 현재에 집중할 뿐 자신의 행동이 미래에 어떤 영향을 미치는지는 생각하지 못한다.

11월의 어느 일요일 아침. 나는 전날 밤 늦게까지 아르바이트를 하고 돌아와 편안한 나만의 시간을 갖고 싶었다. 그런데 문제가 생겼다. 아침을 먹으려고 식탁에 앉는 순간, 월요일까지 제출해야 하는 여섯 장짜리 역사 보고서가 생각났다. 숙제는 언제나 싫은 일이지만 이건 할 만하다. 역사는 내가 좋아하는 과목이고 이런 보고서쯤은 식은 죽 먹기니까.

문제는 오늘 오후 1시부터 있는 축구경기였다. 숙제를 해낼 자신은 있었지만 자료를 찾고 보고서를 쓰는 데 하루가 꼬박 걸릴 것 같았다. 예전부터 나는 긴 시간 동안 집중하는 것을 어려워했다. 그래서 계획표를 짜기로 했다. 지난 몇 달간 부모님과 선생님들은 나에게 제시간에 과제를 마칠 수 있게 계획표를 짜서 그대로 해보라고 강조했다.

과제에 익숙한 점, 이전에 해본 경험, 정보를 조사할 출처 등 몇 가지 요인들을 고려해본 결과, 이 과제를 시작해서 마치기까지 여섯 시간이 걸리리라는 것을 예상할 수 있었다. 자료 조사에 두 시간을 할당하고, 실제 보고서를 쓰는 데 네 시간을 할당했다. 보통 한 장을 쓰는 데 한 시간 정도가 걸리지만, 역사를 좋아하고 마지막 두 장은 내 의견을 바탕으로 쓰면 되니까 네 시간이면 될 것 같았다. 하지만 나는 좀 더 현실적으로 계획하기로 했다. 이런 과제를 할 때면 쉽게 방해받는 편인 것을 스스로 잘 알고 있었다. 처음 계획한 것은 과제에 완전히 집중하는 경우의 시간표니까 보고서를 쓰는 시간을 두 배로 늘려서 여덟 시간을 할당했다. 문제가 발생하기 전에 성공적으로 예측하고 대처한 것이다.

이제 계획을 짰으니 과제를 잘 해결할 가능성이 높아졌다. 마음이 한결 편해진 나는 오전 10시에 노트북을 가지고 TV 앞에 앉았다. 오후 8시가 되면 나는 스트레스 없는 하루와 완성된 보고서라는 두 마리 토끼를 잡고서 유유히 노트북을 끄고 있을 것이다.

자료를 조사하고 도입부를 쓰는 데 세 시간이 걸렸다. 이때까지는 별 다른 방해 없이 목표대로 진행되었다. 아버지가 1시에 거실로 나와 축구 개막식을 보며 내 과제의 진행상황을 점검해줬다. 과제에 대해서 아버지가 알고는 있지만, 내가 계획표를 짜서 모든 상황을 잘 통제하고 있다는 것은 말하지 않았다. 괜히 말했다가 해보기도 전에 지적만 받을까 두려웠기 때문이다.

축구 개막식을 보느라 과제의 진행이 늦어지긴 했지만 보고서 쓰는 시간을 두 배로 할당해뒀으니 크게 문제될 것 같지는 않았다. 4시가 되자 축구 경기가 시작되었고, 나는 경기를 보면서 중간중간 세 번째 문단을 어떻게 시작할지 생각했다.

아버지가 돌아와서 과제에 거의 진척이 없는 것을 보고 화를 냈다. 아버지와 나는 언쟁을 하게 되었다. 나는 이것은 내 계획표고 내 시간을 어떻게 쓸지 결정하는 것은 내 일이니 간섭하지 말라고 했다. 아버지는 과제를 하기 전에 먼저 자유 시간을 쓰는 것이나 과제하는 시간과 휴식 시간이 뒤섞여 있는 것은 생산적이지 않다고 했다. 그리고 아버지와 선생님이 기대한 계획이란 이런 게 아니라고 말했다. 우리는 서로 고함을 지르다가 결국 아버지는 나에게 이도 저도 못하는 바보라고 말하면서 자리를 떠났다.

나는 밤 11시가 되어서야 과제를 마쳤다. 마지막 세 장은 아버지가 돌아와 TV를 끄라고 한 뒤에 한 시간 만에 썼다. 아버지는 앞으로 계획을 짜도 지키지 않을거라면 과제에만 집중하는 게 낫다고 말했다. 아버지가 옳을 수도 있지만 대놓고 그렇다고 인정하긴 싫었다. 그래서 나는 아버지가 문제를 지적하면서 내가 노력한 것까지 비난하는 바람에 오히려 방해가 되었다고 우겼다. 새로운 방법으로 실험하는 것을 막은 아버지야말로 비생산적이라고 말했다. 아버지는 자신이 잠자코 지켜보기만 했다면 내가 절대 과제를 마치지 못했을 거라고 했다.

이 상황은 필자(리처드 규어)의 아들 콜린이 고등학생이었을 때, 둘 사이에 수없이 겪었던 문제 중 일부다. 그 당시 나는 아들이 과제를 미룬다고만 생각했다. 내가 결과물에만 치중하는 바람에 아들의 문제해결력을 키워줄 기회를 놓치고 말았다는 것을 시간이 한참 흐른 뒤에야 깨달았다. 어쩌면 콜린은 스스로 과제를 마칠 수 있었을지도 모른다. 그게 아니었어도 아들과 함께 과제 계획에 대해 논의하고 변경할 수 있는 소중한 경험이 될 수 있었다.

부모가 실행능력이 취약한 10대 자녀의 실패를 보고도 잠자코 있기란 쉽지 않다. 하지만 실패를 경험해야 아이가 배울 수 있다. 부모는 10대 자녀가 실패를 통해 얻게 될 자산과 치르게 될 희생을 파악할 수 있어야 한다. 그렇다고 10대는 모름지기 실수를 통해 배워야 한다고 주장하는 것은 아니다. 실행능력이 크게 취약한 자녀를 둔 부모에게 수영하는 법을 가르치려면 아이를 물에 던져 넣으라고 조언했다가는 아이가 정말 위험에 처할 수도 있다.

큰 실패는 피하면서 자녀가 위험을 받아들일 수 있도록 부모 자신의 전두엽을 충분히 활용해 돕는 것이 부모의 역할이다. 우리는 10대 자녀에게 스스로 해볼 기회를 줄 때와 부모가 개입해서 결정 내려야 할 때를 파악할 수 있도록 지침을 제공할 것이다. 다행스러운 점은 청소년들 역시 독립에 대해 상반된 두 가지 감정을 모두 느낀다는 것이다. 그들은 부모가 자신의 생활에 참견하는 것을 못 견뎌하지만 때로는 조언과 도움을 얻기 위해 부모를 찾기도 한다.

우리는 실행능력이 무엇인지 설명하고, 이 능력들이 10대 자녀가 독립적으로 생활하는 데 얼마나 도움이 되는지를 알려주기 위해 이 책을 썼다. 이 책에 수록된 각종 질문지를 통해 자녀의 실행능력을 진단해볼 수 있다. 그러면 10대 자녀가 어떤 부분에서 부모의 도움을 필요로 하는지 알게 된다. 우리는 10대 자녀의 독립심을 존중하고 키워주는 동시에 자녀의 전두엽 역할을 대신 해주는 데 필요한 구체적이고 명확한 정보를 주고자 한다.

부모는 자녀의 청소년기를 큰 기회로 여겨야 한다. 자녀의 뇌가 실행능력을 습득하고 연습하기에 아주 적합한 상태기 때문이다. 청소년기에 있는 자녀와의 관계에 적절한 변화를 준다면 부모는 10대 자녀에게 올바른 가르침을 주는 동시에 독립을 위한 방향을 제시하는 완벽한 파트너가 될 수 있다.

10대의 실행능력이 취약한 이유

10대의 실행능력이 취약한 데는 최소한 세 가지의 원인이 있을 수 있다. 첫 번째는 실행능력의 취약성과 직접적으로 관련이 있는 ADHD(주의력결핍 과잉행동장애), 자폐스펙트럼장애, 심각한 뇌손상 진단을 받은 경우다. 두 번째는 실행능력의 취약성과 간접적으로 관련이 있는 수면부족·우울·불안 같은 기분장애, 약물·알코올 중독과 같은 습관장애가 있는 경우다. 세 번째는 사람마다 자질에 차이가 있듯이 실행능력 또한 차이가 있는 경우다.

첫째 원인에 관해 알아보자. 〈10대 자녀와 소통하는 기술〉의 저자 러셀 버클리 교수는 ADHD는 실행능력의 취약성을 가장 두드러지게 만드는 장애라고 했다. 이 분야의 많은 연구자가 후속 연구를 통해 이 이론에 신빙성을 더했으며, ADHD의 영향을 받는 실행능력에는 무엇이 있는지 파악했다. ADHD 성향이 있는 경우에는 실행능력 가운데 특히 반응억제, 작업기억, 지속적 주의력, 계획·우선순위 결정력, 시간관리와 그 밖의 능력에서 부족함을 보인다.

아스퍼거 증후군과 같은 자폐스펙트럼장애가 있는 청소년도 실행능력이 취약한 것으로 나타났다. 이 경우에는 감정조절이나 융통성에 문제가 있는 경우가 대부분이며, 자신을 점검하는 능력인 상위인지도 부족하고, 특정한 사회적 상황에 맞게 행동을 조절하는 것을 힘들어한다. 자폐스펙트럼장애가 있는 청소년의 부모와 선생님들이 언급하는 실행능력 결핍의 양상은 그 밖에도 무척 다양하다.

뇌진탕을 포함한 심각한 뇌손상을 입은 경우에도 실행능력의 장애가 쉽게 나타난다. 전두엽은 머리가 앞뒤로 흔들릴 때 발생하는 편타성 손상에 민감하기 때문이다. 이 경우 반응억제, 작업기억, 융통성, 계획·우선순위 결정력 등의 실행능력이 취약하다. 특히 10대의 경우 감정조절에 어려움을 겪는다. 지금까지 살펴본 세 경우가 취약한 실행능력과 관련된 가장 보편적인 장애들이다.

둘째 원인은 실행능력 결핍과 간접적인 관련이 있다. 청소년들의 실행능력 결핍은 아주 흔하게 나타나는데, 수면부족 같은 습관장애의 영향을 크게 받는다. 10대는 항상 수면부족에 시달린다. 수면부족이 청소년의 주의력과 기분에 영향을 미치는 것은 분명하다. 또한 청소년의 두뇌에서 일어나는 변화들은 감정 기복과 불안, 우울을 유발할 수 있어서 이런 정서 상태가 실행능력에 부정적인 영향을 미칠 수 있다.

마지막으로 특별한 장애가 없어도 실행능력의 취약성이 나타날 수 있다. 실행능력상의 강점과 약점은 누구나 가지고 있다. 우리는 주변에서 실행능력이 약간 떨어지는 사람들을 쉽게 발견할 수 있다. 항상 지각하거나 긴급한 상황을 잘 감지하지 못하는 사람이 있다. 물건을 어지럽게 늘어놓는 바람에 필요한 물건을 찾지 못하는 사람도 있다. 말실수가 잦아서 혀를 깨물고 싶은 상황에 자주 놓이는 사람도 있다. 우리는 실행능력이 취약한 10대가 스스로 문제를 해결하고 독립적으로 생활하는데 어려움을 느끼는 아이들을 돕기 위해 이 책을 썼다.

2

아이의 실행능력 파악하기

고등학교 1학년인 마르코는 학생회장을 맡고 있을 뿐 아니라 토론동아리에서도 활동하고 있다. 마르코는 결단력이 있고 논리적이다. 학생회에서 제안한 안건이 학교 측의 반대에 부딪히자 학생들이 원하는 사안을 포함하면서도 교장 선생님의 우려를 누그러뜨리는 절충안을 내놓기도 했다.

그렇지만 마르코의 침실은 엉망이다. 과자봉지가 바닥에 나뒹굴고 세탁한 옷과 입던 옷이 한데 뒤섞여 있는 데다 책상 위에는 공책, 동아리 관련 문서, 대학 입학안내서가 잔뜩 쌓여 있다. 그렇다 보니 마르코는 아침에 학교 갈 준비를 할 때마다 시간과 사투를 벌인다. 옷을 찾아 입고 준비물과 숙제를 찾아서 가방에 집어넣기 바쁘다. 그것도 운 좋게 찾았을 때나 가능한 이야기다. 선생님들은 마르코를 좋아해서 마르코가 과제를 집에 두고 왔다며 기한을 하루만 더 늘려달라고 사정하면 시간을 더 주기도 한다. 하지만 마르코 스스로도 정리와 체계화에 문제가 있어서 생각하는 것만큼 성적이 나오지 않는다는 것을 잘 알고 있다.

고등학교 2학년인 랜디는 누가 봐도 모범생이다. 초등학교 6학년 이후로 줄곧 우등생 명단에 이름을 올렸다. 숙제는 꼬박꼬박 제때에 내고, 알림장에는 해야 할 일을 명확히 적어둔다. 그리고 숙제를 하려면 어떤 정보를 찾아봐야 하는지, 시험을 준비하려면 어떤 공부를 해야 하는지 알고 있다. 선생님들은 랜디를 예뻐한다. 때로 랜디가 좀 과도하게 열정적이란 생각이 들기도 하지만 말이다.

'좀 과도하게 열정적인' 랜디의 모습은 집에 돌아오면 온데간데없다. 부모가 볼 때 아이는 언제 터질지 모르는 시한폭탄이다. 랜디는 기한 내에 미술 과제와 세계문화 보고서를 마칠 수 있을지 전전긍긍하고, 수학 시험에서 B를 맞은 것 때문에 전체 평균이 A가 나오지 않을까 봐 걱정이다. 엄마가 주말에 청소를 도와달라고 하면 "안 돼요! 지금 제가 할 일이 얼마나 많은지 알기나 하세요?"라며 날카로운 목소리로 받아치기 일쑤다. 이럴 때 엄마는 웬만하면 물러선다. 하지만 랜디가 감정을 조절하지 못하는 것은 본인에게도 도움이 안 될 뿐 아니라 가족에게도 커다란 악영향을 미친다는 것을 엄마는 알고 있다.

앞의 내용을 잘 이해했다면 마르코와 랜디의 훌륭한 실행능력과 취약한 실행능력이 무엇인지 대강 파악했을 것이다. 두 아이 모두 학교생활을 잘 해내고 있고, 이는 성인이 되어서도 긍정적인 결과를 가져올 것으로 보인다. 그러나 두 아이 모두 실행능력에 문제가 있다. 이는 선생님이나 외부의 어른들에게는 잘 드러나지 않지만 부모와 함께 있는 상황에서는 두드러진다.

자녀의 취약한 실행능력을 가장 먼저 발견하는 사람은 대부분 부모다. 그런데 부모는 자녀의 약점에 너무 집중한 나머지 자녀의 긍정적인 면을 간과하기 쉽다. 하지만 취약한 실행능력을 개선시킬 전략을 짜려면 자녀의 취약한 능력뿐 아니라 강점인 능력도 같이 고려해서 접근해야 한다.

긍정심리학 분야의 전문가들은 행동, 태도, 기분, 정서 면에서 긍정적인 피드백이 얼마나 효과적인지를 증명하는 연구를 했다. 이 연구결과에 따르면 긍정적인 피드백 세 가지를 준 뒤 부정적인 또는 교정적인 피드백 한 가지를 줄 경우, 상대방의 행동 변화를 불러올 수 있다고 한다. 그러니 먼저 자녀의 긍정적인 면을 찾아 알려주도록 하자.

자녀의 강점과 약점을 모두 적어보면, 자녀가 일상에서 가장 어려움을 겪는 일이 무엇인지 파악할 수 있다. 예를 들어 과제착수와 목표지향적 인내심이 취약한 아이는 학업에서 어려움을 겪기 쉽고, 감정조절과 시간관리가 취약한 아이는 바쁜 일과를 관리하는 일을 힘들어할 수 있다. 48쪽의 표는 10대가 수행하는 공통적인 과제들과 그것을 성공적으로 해내기 위해 필요한 실행능력들을 나열한 것이다.

자녀가 지닌 실행능력의 강점과 약점을 제대로 파악하면, 아이가 취약한 실행능력을 개선하도록 도울 수 있다. 50~53쪽에 수록한 '실행능력 질문지'를 통해 자녀의 취약한 실행능력을 파악해보자. 첫 번째 질문지에는 부모가 답하고, 두 번째 질문지에는 자녀가 답한다. 10대 자녀가 둘 이상이거나 부모가 각각 평가하려면 질문지를 복사해서 사용한다.

문제를 받아들이는 아이의 반응 유형

부모가 평가한 결과와 자녀 스스로 평가한 결과를 서로 대조해보자. 가장 낮은 점수를 받은 실행능력과 가장 높은 점수를 받은 실행능력 두세 가지를 꼽아본다. 강점과 약점을 파악하는 것이 중요하지 점수 자체는 별 의미가 없다. 결과가 비슷하다면 이는 강점과 약점에 대해 인식을 같이하고 있다는 뜻이다.

결과에 대해 자녀와 이야기할 때는 강점부터 언급하자. 자녀가 과업을 수행하거나 문제를 해결할 때, 또는 곤란한 상황에 대처할 때, 이런 강점을 어떻게 활용하는지 구체적인 예를 들어 말한다. 건설적인 비평을 기꺼이 받아들이는 점, 마지막 순간까지 할 일을 미루지 않는 점, 책상을 잘 정리하는 점 등을 세세하게 칭찬한다. 강점을 알려주는 데 시간

실행능력이 요구되는 10대의 일상 과제

실행능력	학업 성취	대입원서 작성	바쁜 일과 관리	용돈 관리
반응억제				○
작업기억	○			
감정조절			○	
융통성				
지속적 주의력	○	○		
과제착수	○	○		
계획·우선순위 결정력		○	○	
정리와 체계화		○		
시간관리	○		○	
목표지향적 인내심	○	○		○
상위인지	○			
실행능력	**신체 활동**	**아르바이트 찾기**	**아르바이트 유지하기**	**위험한 행동에 말려들지 않기**
반응억제	○		○	○
작업기억				
감정조절			○	
융통성			○	
지속적 주의력	○			
과제착수		○		
계획·우선순위 결정력		○	○	
정리와 체계화				
시간관리			○	
목표지향적 인내심		○		○
상위인지				

을 아낄 이유가 없다. 한 가지 부정적인 피드백을 하기 위해서는 세 가지 긍정적인 피드백이 필요하다는 것을 기억하자.

다음으로 취약한 부분에 대해 이야기하자. 취약한 실행능력이 아이의 생활에 미치는 영향에 대해 이야기해본다. 이때 전체적인 그림을 그려볼 수 있도록 돕는다. "이제야 네가 약속한 시간보다 늦게 오는 이유가 이해됐어. 시간관리하기 참 어렵지?"라고 말해주면 된다.

부모가 평가한 결과와 자녀 스스로 평가한 결과가 서로 다를 경우엔 어떻게 할까? 부모는 취약하다고 본 능력에 대해 자녀 본인은 강점이라고 생각한다면? 당신은 아이가 틀렸다는 증거를 들이대며 쏘아붙이고 싶을 것이다. 그렇다고 "지난 한 달간 매주 한 번씩 놓고 간 숙제를 가져다 달라고 전화한 게 누군데 그러냐!"라며 따지는 건 좋은 방법이 아니다. 그런 방법은 아이를 방어적으로 만든다. 그러면 오히려 말싸움으로 번지기 쉽다. 보다 나은 방법은 중립적인 코멘트를 하는 것이다. "흠, 흥미롭구나. 너랑 나랑 보는 시각이 꽤 다른데?"와 같은 표현이 적당하다. 그리고 이런 인식 차이 때문에 갈등이 생기는 것 같다고 말하자. "넌 스스로 작업기억이 뛰어나다고 생각하는구나. 그래서 내가 숙제 잘 챙겼냐고 물어볼 때마다 짜증을 낸 거구나."와 같이 표현하면 좋다.

실행능력 질문지 (부모용)

당신의 10대 자녀와 얼마나 비슷한지 1점부터 7점까지 점수를 매기고, 세 개의 항목마다 총점을 적는다. 총점이 가장 낮은 두세 개의 실행능력은 자녀의 강점이며, 총점이 가장 높은 두세 개는 약점이다.

1	2	3	4	5	6	7
전혀 그렇지 않다	그렇지 않다	별로 그렇지 않다	보통이다	그런 편이다	그렇다	매우 그렇다

항목	점수
1 충동적으로 행동한다.	
2 수업 시간에 말이 많아 문제가 생기곤 한다.	
3 생각하지 않고 말한다.	
총점	
4 "나중에 할게요."라고 말해놓고 잊어버린다.	
5 숙제를 깜박하거나 숙제에 필요한 자료를 학교에 두고 온다.	
6 소지품이나 준비물을 잃어버리거나 제자리에 두지 않는다.	
총점	
7 숙제가 너무 어렵거나 헷갈릴 때 짜증을 낸다.	
8 쉽게 화를 낸다.	
9 계획대로 일이 돌아가지 않으면 쉽게 기분 상해 한다.	
총점	
10 문제를 해결하기 위해 처음 시도한 방법이 효과가 없을 때 다른 해결책을 생각해내는 것을 어려워한다.	
11 계획을 수정하거나 일과에 변화가 생기는 것을 거부한다.	
12 개방형 과제는 하기 힘들어한다(예 : 창의적인 작문 숙제가 주어지면 어떻게 쓸지 몰라 한다).	
총점	
13 쉽게 주의가 산만해진다.	
14 과제나 할 일을 마치기 전에 의욕이 사라지는 듯하다.	
15 숙제나 집안일을 마칠 때까지 계속 몰두하지 못한다.	
총점	
16 숙제나 다른 할 일을 마지막 순간까지 미룬다.	
17 숙제를 시작하기 위해 재미있는 일을 다음으로 미루는 것을 어려워한다.	
18 어떤 일을 시작하려면 자주 상기시켜줘야 한다.	
총점	

19 규모가 큰 과제의 우선순위를 계획하는 것을 어려워한다.	
20 할 일이 많을 때 우선순위를 정하는 것을 어려워한다.	
21 장기 과제나 규모가 큰 과제가 주어지면 압도된다.	
총점	
22 가방 속이 엉망이거나 공책 필기가 제대로 되어 있지 않다.	
23 책상 주변이 어지럽다.	
24 방이나 학교 사물함을 지저분하게 사용한다.	
총점	
25 어떤 일을 할 때 시간이 얼마큼 걸릴지 예상하는 것을 어려워한다.	
26 자기 전에 숙제를 끝내지 못하고 다음 날 학교 수업 전에 서둘러 마치는 편이다.	
27 어떤 일을 준비할 때 느리게 움직인다(약속이나 등교 준비, 이동 수업을 위해 준비할 때).	
총점	
28 원하는 물건을 사기 위해서 용돈을 따로 모으지 않는다.	
29 장기적인 목표를 위해 좋은 성적을 얻는 것이 얼마나 중요한지 모른다.	
30 현재에 충실하게 사는 듯하다.	
총점	
31 효과적인 학습 전략이 부족하다.	
32 실수로 인한 위험성이 크다 해도 어떤 일을 한 후 실수가 있었는지 확인하지 않는다.	
33 성공할 가능성을 높이기 위해 자신이 수행한 것을 평가한다거나 전략을 변경하지 않는다.	
총점	

항목 설명

항목	실행능력	항목	실행능력	항목	실행능력
1-3	반응억제	13-15	지속적 주의력	25-27	시간관리
4-6	작업기억	16-18	과제착수	28-30	목표지향적 인내심
7-9	감정조절	19-21	계획·우선순위 결정력	31-33	상위인지
10-12	융통성	22-24	정리와 체계화		

자녀의 실행능력 강점(최저 점수)	자녀의 실행능력 약점(최고 점수)
1	1
2	2
3	3

실행능력 질문지 (10대용)

자신과 얼마나 비슷한지 1점부터 7점까지 점수를 매기고, 세 개의 항목마다 총점을 적는다. 총점이 가장 낮은 두세 개의 실행능력은 자신의 강점이며, 총점이 가장 높은 두세 개는 약점이다.

1	2	3	4	5	6	7
전혀 그렇지 않다	그렇지 않다	별로 그렇지 않다	보통이다	그런 편이다	그렇다	매우 그렇다

항목	점수
1 충동적으로 행동한다.	
2 수업 시간에 말이 많아 문제가 생기곤 한다.	
3 생각하지 않고 말한다.	
총점	
4 "나중에 할게요."라고 말해놓고 잊어버린다.	
5 숙제를 깜박하거나 숙제에 필요한 자료를 학교에 두고 온다.	
6 소지품이나 준비물을 잃어버리거나 제자리에 두지 않는다.	
총점	
7 숙제가 너무 어렵거나 헷갈릴 때 짜증을 낸다.	
8 쉽게 화를 낸다.	
9 계획대로 일이 돌아가지 않으면 쉽게 기분이 상한다.	
총점	
10 문제를 해결하기 위해 처음 시도한 방법이 효과가 없을 때 다른 해결책을 생각해내는 것이 어렵다.	
11 계획을 수정하거나 일과에 변화가 생기는 것을 거부한다.	
12 개방형 과제는 하기 힘들다(예 : 창의적인 작문 숙제가 주어지면 어떻게 쓸지 모르겠다).	
총점	
13 쉽게 주의가 산만해진다.	
14 과제나 할 일을 마치기 전에 의욕이 사라진다.	
15 숙제나 집안일을 마칠 때까지 계속 몰두하지 못한다.	
총점	
16 숙제나 다른 할 일을 마지막 순간까지 미룬다.	
17 숙제를 시작하기 위해 재미있는 일을 다음으로 미루는 것이 어렵다.	
18 어떤 일을 시작하려면 자주 상기시켜줘야 한다.	
총점	

19 규모가 큰 과제의 우선순위를 계획하는 것이 어렵다.	
20 할 일이 많을 때 우선순위를 정하는 것이 어렵다.	
21 장기 과제나 규모가 큰 과제가 주어지면 압도된다.	
총점	
22 가방 속이 엉망이거나 공책 필기가 제대로 되어 있지 않다.	
23 책상 주변이 어지럽다.	
24 방이나 학교 사물함을 지저분하게 사용한다.	
총점	
25 어떤 일을 할 때 시간이 얼마큼 걸릴지 예상하는 것이 어렵다.	
26 자기 전에 숙제를 끝내지 못하고 다음 날 학교 수업 전에 서둘러 마치는 편이다.	
27 어떤 일을 준비할 때 느리게 움직인다(약속이나 등교 준비, 이동 수업을 위해 준비할 때).	
총점	
28 원하는 물건을 사기 위해서 용돈을 따로 모으지 않는다.	
29 장기적인 목표를 위해 좋은 성적을 얻는 것이 얼마나 중요한지 모른다.	
30 현재에 충실하게 산다.	
총점	
31 효과적인 학습 전략이 부족하다.	
32 실수로 인한 위험성이 크다 해도 어떤 일을 한 후 실수가 있었는지 확인하지 않는다.	
33 성공할 가능성을 높이기 위해 자신이 수행한 것을 평가한다거나 전략을 변경하지 않는다.	
총점	

항목 설명					
항목	실행능력	항목	실행능력	항목	실행능력
1-3	반응억제	13-15	지속적 주의력	25-27	시간관리
4-6	작업기억	16-18	과제착수	28-30	목표지향적 인내심
7-9	감정조절	19-21	계획·우선순위 결정력	31-33	상위인지
10-12	융통성	22-24	정리와 체계화		

자신의 실행능력 강점(최저 점수)	자신의 실행능력 약점(최고 점수)
1	1
2	2
3	3

자신의 약점에 대해 들으면 10대들은 각기 다른 반응을 보인다. 이때 부모는 자녀가 어떻게 반응하는가에 따라 접근법을 달리해야 한다. 우리는 10대의 반응을 다섯 가지로 유형화했다.

1. 저도 저한테 문제가 있다는 걸 알지만 잘 관리가 안 돼요. 엄마(아빠)가 절 좀 도와주세요.

이런 반응을 보이는 자녀는 자신의 문제를 누군가가 대신 해결해주기를 원한다. 늘 그렇진 않더라도 때로는 "제 숙제 좀 대신 해주실래요?"라며 대놓고 도움을 구하기도 한다. 이 경우와 비슷한 반응은 다음과 같다.

- 제가 쓴 독후감을 읽어보고 잘못된 부분을 고쳐주실래요?
- 제 방이 너무 지저분해 보인다면 엄마(아빠)가 치워주세요.
- 엄마(아빠)가 선생님한테 전화해서 제가 ADHD니까 해야 할 일을 잊는 문제로 벌을 받는 건 잘못된 것 같다고 말해주세요.
- 제가 대청소를 돕기로 약속한 건 맞지만, 다음 주에 학교 축제가 있다는 걸 깜빡했어요. 이번 주엔 학교에 남아서 매일 연습해야 하니까 좀 봐주세요.
- 제가 쉽게 흥분하고 스트레스도 많이 받는 거 아시죠? 저는 저라고요. 그러니 엄마(아빠)가 저를 있는 그대로 인정해주세요.

다른 누군가가 문제를 해결해주면 취약한 실행능력을 발달시킬 기회를 놓치고 만다. 예를 들어 아이가 학교에 가기 전에 준비물 챙기는 일을 늘 잊어버린다고 하자. 그럴 때마다 부모가 대신 챙겨준다면? 아이는 스스로 알람을 맞추는 것조차 못하게 될 것이다. 또한 부모가 아이에게 상기시켜주는 것도 별 도움이 안 된다. 아이가 스스로 개선할 의지를 보이지 않았기 때문이다.

2. 나한테 문제가 있다는 건 저도 알아요. 얼마든지 그 문제를 다룰 마음이 있고 (내가 선택한) 다른 사람의 도움도 기꺼이 받겠어요.

이런 태도를 가진 10대는 자신의 문제를 인지하고 있고 기꺼이 고치려고 한다. 이 반응을 보이는 10대는 실행능력 질문지에 꽤 솔직하게 응답했을 것이고, 평가 결과를 보며 쓴웃음을 지었을지도 모른다. 그러나 10대 자녀가 취약한 실행능력을 개선할 의지를 가졌다고 해서 그것이 부모의 도움을 바란다는 뜻은 아니다. 우리에게 코칭을 의뢰하는 고객 가운데는 제3자의 도움을 원하는 10대가 적지 않다. 그들은 자신이 선택한 코치와 의견이 잘 맞을 경우 열심히 임하려는 모습을 보인다. 그러나 부모가 다른 누군가에게 자녀의 조력자 역할을 넘기고 한 걸음 뒤로 물러난다는 건 쉬운 일이 아니다. 이때 생각을 고쳐먹어 보자. 자녀는 더 이상 부모에게 의존하지 않고 문제를 스스로 해결하려고 노력하고 있다. 얼마나 기특한가? 코치, 친구 또는 믿을 만한 선생님이 아이를 도울 수 있도록 만들어주는 것이 진정으로 아이를 위한 길일지 모른다.

이 책의 말미에 이와 같은 코칭에 관해 설명하면서 10대 자녀와 부모가 코칭을 활용하는 방법도 함께 실었으니 참고하길 바란다.

3. 문제가 있다는 건 알아요. 제가 그 문제를 잘 해결하면 보상으로 뭘 받을 수 있나요?

자녀가 이런 반응을 보이면 부모는 화가 나기 마련이다. 자녀가 당연히 해야 할 일인데 보상까지 해주며 독려하는 느낌이 들기 때문이다. 또한 아이가 문제해결보다도 보상을 목표로 삼을까 봐 염려된다. 하지만 두번째 유형과 마찬가지로 세번째 유형도 부모가 잘만 대처한다면 원하는 결과를 얻을 수 있다. 일단 정해진 목표(취약한 실행능력을 개선하는 것)가 있고, 아이가 그 목표를 향해 노력하게 만드는 명확한 방법(보상)이 있기 때문이다. 이제 부모와 자녀가 세세한 부분에 대해 협상하는 일만 남았다.

예를 들어 살펴보자. 데니는 이번 겨울에 새로운 스키를 장만하고 싶다. 부모는 데니가 좋은 성적을 받으면 원하는 스키를 사주기로 한다. 부모는 데니가 평균 3.0을 얻으면 스키 가격의 일부를 주기로 협상했다. 또한 그 이상의 성적을 얻으면 정도에 따라 더 많이 주기로 했다.

4. 내가 생각해도 나한테 문제가 있는 게 맞아요. 하지만 내가 알아서 할게요.

이런 반응을 보이는 자녀를 둔 부모는 더 고민이 많을 것이다. 네번째 유형의 자녀는 아마도 지금까지 스스로 문제를 해결해보려고 수없이 시도했을 것이다. 그러나 안타깝게도 번번이 실패했을 것이다.

예를 들어 살펴보자. 데릴은 여러 면에서 부주의하다. 문을 잠그는 것을 잊거나 용돈이 떨어진 걸 알아채지 못하는 경우가 잦다. 부재중 전화에도 거의 신경을 쓰지 않는다. 부모는 아이를 도우려 하지만 데릴은 자기가 알아서 고쳐보겠다고 한다. 데릴은 스스로를 다 큰 어른이라 생각하면서도 정작 어른이 되기 위해 배워야 할 것들은 대충 넘어간다.

부모는 자녀가 스스로 하겠다고 약속해봤자 결코 지켜지지 않는다는 것을 안다. 이런 경우, 자녀가 문제를 다루기 위한 계획을 세울 수 있도록 돕는 것이 보다 나은 접근 방법이다. 또한 문제가 성공적으로 해결된 수준, 즉 목표 지점을 부모와 아이가 합의해서 정하는 것이 좋다.

5. 저한테 문제가 있다고 생각하지 않아요. 만약 문제가 있다 해도 걱정 마세요. 제가 다 알아서 할게요.

지금까지 알아본 유형 가운데 가장 부모를 화나게 만드는 경우다. 문제를 받아들이지도 않고 부모와 대화도 하지 않는다면 어떻게 해야 할까? 부모로서 문제를 정확히 보고 그로 인해 나타날 끔찍한 결과를 알려줘야 한다. 문제를 해결할 시간이 충분하다면 자녀에게 문제해결을 위해 노력한다는 증거를 보여달라고 한다. 증거가 부족할 경우에는 같은 문제를 계속 겪게 될 것이라고 일러준다. 문제를 해결할 시간이 촉박하다면 더 개입할 필요가 있다. 기한이 막바지에 이르렀는데도 자녀가 과제를 끝내놓지 못한 상황이라면 보다 신속한 접근이 필요하다.

이제부터는 자녀의 반응 유형에 따라 부모가 어떻게 대처하는 것이 좋을지 상세하게 안내할 것이다. 우선 10대 자녀의 반응 유형에 대해 부모와 자녀의 의견이 같은지를 알아보자. 59쪽의 질문지에 자녀와 부모가 각각 응답한다. 10대 자녀가 둘 이상이거나 부모가 각각 평가하려면 질문지를 복사해서 사용한다.

이제 응답한 결과를 서로 비교해보자. 자녀의 반응 유형에 대해 부모와 자녀가 의견이 같은가? 의견 차이가 있을 때는 구체적인 문제를 적용해보면 도움이 된다. 예를 들어 "엄마(아빠) 생각에는 네가 보고서 과제를 마지막 순간까지 미루는 일이 잦거든. 그러다 보니 밤을 새워가며 하게 되고, 검토할 시간도 없고, 과제를 잘 다듬을 시간도 부족한 것 같아. 엄마(아빠)가 이렇게 말하면 너는 어떤 생각이 드니?"라고 말해보자.

반응 유형 평가지 (부모용)

자녀에게 취약한 실행능력에 대해 이야기했을 때 자녀가 보인 반응은 다음 중 무엇인가? 한 가지만 골라보자.	
저도 저한테 문제가 있다는 걸 알지만 잘 관리가 안 돼요. 엄마(아빠)가 절 좀 도와주세요.	
나한테 문제가 있다는 건 나도 알아요. 얼마든지 그 문제를 다룰 마음이 있고 (내가 선택한) 다른 사람의 도움도 기꺼이 받겠어요.	
문제가 있다는 건 알아요. 제가 그 문제를 잘 해결하면 보상으로 뭘 받을 수 있나요?	
내가 생각해도 나한테 문제가 있는 게 맞아요. 하지만 내가 알아서 할게요.	
저한테 문제가 있다고 생각하지 않아요. 만약 문제가 있다 해도 걱정 마세요. 제가 다 알아서 할게요.	

반응 유형 평가지 (10대용)

부모에게 취약한 실행능력에 대해 들었을 때 나의 반응은 어땠는가? 다음 중에서 한 가지만 골라보자.	
저도 저한테 문제가 있다는 걸 알지만 잘 관리가 안 돼요. 엄마(아빠)가 절 좀 도와주세요.	
나한테 문제가 있다는 건 나도 알아요. 얼마든지 그 문제를 다룰 마음이 있고 (내가 선택한) 다른 사람의 도움도 기꺼이 받겠어요.	
문제가 있다는 건 알아요. 제가 그 문제를 잘 해결하면 보상으로 뭘 받을 수 있나요?	
내가 생각해도 나한테 문제가 있는 게 맞아요. 하지만 내가 알아서 할게요.	
저한테 문제가 있다고 생각하지 않아요. 만약 문제가 있다 해도 걱정 마세요. 제가 다 알아서 할게요.	

3

부모의 실행능력과 양육 유형 파악하기

프랭크는 스포츠 장비 회사의 영업부장이다. 그는 회사생활을 하는 데 아무 문제가 없다. 그렇지만 집에서 17살 된 아들 제이크을 마주할 때면 회사 동료나 고객들은 상상도 못할 행동을 하게 된다. 늦은 밤 회사에서 돌아왔는데 키보드를 두들기며 게임에 온통 정신이 팔려 있는 아들을 보게 되면 이성을 잃고 만다. 아들은 학교에서 돌아오자마자 숙제를 하겠다고 약속한 것을 까맣게 잊은 모양이다. 결국 프랭크는 고함을 내지른다. "진정해요, 아빠!" 제이크는 마지못해 컴퓨터를 끄며 말한다. "아빠가 왜 그렇게까지 화를 내는지 모르겠어요. 선생님한테 숙제 기한을 늘려달라고 말했더니 이번 월요일까지 제출하라 했거든요. 약속한 대로 학교에서 돌아오자마자 숙제를 시작했어요. 한 30분쯤 하다 보니 숙제 지시사항이 적힌 종이를 사물함에 두고 온 걸 알았지 뭐예요. 그러니 다음에 할 내용을 알 수가 있어야죠." 아들의 대답을 들은 프랭크는 신음소리를 뱉으며 감정을 억누르느라 무진 애를 쓴다. "다른 숙제는 없는 거니?" 그는 꽉 다문 입을 겨우 움직이며 묻는다.

네 아이의 엄마인 지나는 남편의 컨설팅 회사에서 회계를 맡고 있다. 지나는 대부분의 시간을 차에서 보내며 늦은 시간까지 아이들을 데리고 다니기 바쁘다. 그녀의 휴대전화는 끊임없이 울려댄다. 주로 얼마나 빨리 데리러 올 수 있는지 물어보거나 깜박 잊고 책상에 두고 온 숙제를 가져다 달라는 전화다.

18살 난 딸아이는 대학입시를 앞두고 있는데 자신이 해야 할 일을 온전히 기억한 적이 별로 없다. SAT(미국의 대학수학능력시험) 지원 마감일도 놓칠 뻔했고, 어떤 선생님에게 추천서를 부탁해야 하는지도 기억하지 못했으며, 입학지도관이 적어준 입학 준비 목록을 어디에다 뒀는지도 모른다. 목록을 찾다 지친 딸은 눈물을 머금고 "엄마, 좀 도와주세요. 혼자서는 도저히 못 찾겠어요."라고 말한다. 지나는 딸이 자신의 도움을 필요로 한다는 사실에 내심 뿌듯하기도 하다. 큰아들과는 도움을 주려고 할 때마다 싸우기 때문이다. 하지만 지나는 자신이 딸아이에게 도움이 될 만한 능력이 있는지 확신이 없다. 이런 불안한 마음이 아이에게 별 도움이 되지 않을 것 같아 잠도 안 온다.

위의 두 가지 예에서 볼 수 있듯이 자녀가 독립적인 성인으로 자라는 데는 자녀 자신의 실행능력도 중요하지만 부모의 실행능력 또한 못지 않게 중요하다.

프랭크는 감정조절이 되지 않아서 자신의 기대에 못 미치는 아들과 매일같이 갈등을 빚는다. 두 사람의 갈등이 더 심각하게 치닫는 이유는 프랭크가 뜨거운 인지 상태기 때문이다. 부모가 뜨거운 인지를 하면 10대 자녀의 감정 또한 쉽게 고조되어 갈등이 심화된다.

지나의 딸은 작업기억과 시간관리가 취약한데, 지나 또한 딸과 크게 다를 바가 없기 때문에 딸을 도와주기 어려운 상황이다.

앞에서는 자녀의 실행능력상 강점과 약점을 평가했다. 이제 64~65쪽에서 부모의 실행능력을 평가해보자. 부모가 각각 평가하려면 질문지를 복사해서 사용한다.

올챙이 적 생각 못 하는 부모

우선 부모의 강점을 살펴보자. 그리고 그 실행능력이 언제부터 강해졌는지 기억해보자. 원래부터 강점이었을지도 모른다. 정리와 체계화가 강점인 사람들의 경우 대부분 원래부터 그랬다고들 말한다. 아니면 시간을 들여 그 능력을 키워왔을 수도 있다.

필자(펙 도슨)의 경우, 지금은 과제착수가 뛰어난 편이지만 고등학생 때까지만 해도 월요일까지 내야 하는 영어 과제를 일요일 저녁이 되어서야 했던 기억이 있다. 그때는 일요일 저녁이 오기 전에는 과제를 시작해본 기억이 없다. 나처럼 그저 실행능력의 발달 속도가 다소 늦는 경우일 수도 있다.

다음으로 부모의 약점을 살펴보자. 약점이 부모의 일상에 어떤 영향을 미치는가? 현재의 직업은 취약한 실행능력을 최소한으로 활용하는 직업인가? 그 실행능력이 필요한 일을 처리할 때마다 다른 사람이 도와주는가? 이루고자 하는 일이 있었는데 이런 약점이 방해가 된 적이 있는가? 아니면 약점을 피해가며 일하는 방법을 찾았거나 다른 능력으로 대체했는가?

우리는 목표지향적 인내심이 강점이고 과제착수가 약점인 사람이 일을 미루는 경향을 이겨내기 위해 지독하게 목표를 좇는 것을 봤다. 약점이 무엇이든 그 약점을 보완하기 위해서는 시간이 필요하다. 당신의 자녀에게도 시간이 필요하다. 그러니 자녀의 취약한 실행능력을 마주할 때 인내심을 갖길 바란다.

이제 부모의 실행능력 평가 결과를 자녀의 것과 나란히 대조해보자. 부모의 결과와 자녀의 결과에 겹치는 부분이 있는가? 아니면 크게 다른가? 어떤 관계에서든, 예컨대 남편과 아내, 부모와 자녀, 선생님과 학생 사이에서 특정 능력이 뛰어난 사람이 그 능력이 취약한 사람과 관계를 맺을 때 종종 갈등이 생긴다. 본인은 별 어려움 없이 해낼 수 있는 일을 상대는 왜 해내지 못하는지 이해할 수 없기 때문이다. 예를 들어 원래부

실행능력 질문지 (부모용)

자신의 행동과 얼마나 비슷한지 1점부터 7점까지 점수를 매기고, 세 개의 항목마다 총점을 적는다. 총점이 가장 낮은 두세 개의 실행능력은 자신의 강점이며, 총점이 가장 높은 두세 개는 약점이다.

1	2	3	4	5	6	7
전혀 그렇지 않다	그렇지 않다	별로 그렇지 않다	보통이다	그런 편이다	그렇다	매우 그렇다

항목	점수
1 성급하게 결론짓는 경향이 있다.	
2 생각하지 않고 말한다.	
3 제대로 알아보지 않고 행동한다.	
총점	
4 사건, 날짜, 세부적인 상황을 잘 기억하지 못한다.	
5 해야 할 일을 잘 기억하지 못한다.	
6 독촉을 받아야 업무를 완수하는 경우가 잦다.	
총점	
7 감정 상태가 업무 수행에 지장을 준다.	
8 사소한 일로 감정이 상하거나 업무에 방해를 받는다.	
9 일을 마칠 때까지 개인적인 감정을 잠시 접어두는 것이 어렵다.	
총점	
10 예상치 못한 일이 생기면 당황한다.	
11 계획이나 우선순위에 변화가 생기면 쉽게 적응하지 못한다.	
12 자신이 융통성 있거나 변화에 잘 적응한다고 생각하지 않는다.	
총점	
13 업무에 주의를 집중하는 것이 어렵다.	
14 과제에 착수하고 나서 끝까지 성실하게 마치기 어렵다.	
15 방해를 받으면 하던 업무를 완수하기가 어렵다.	
총점	
16 어떤 일이든 곧바로 시작하기가 힘들다.	
17 미루는 버릇 때문에 문제가 될 때가 많다.	
18 해야 할 일을 마지막까지 미루는 경우가 많다.	
총점	

19 하루 일과를 계획할 때 우선순위를 정하고 그대로 따르는 것이 어렵다.	
20 할 일이 많을 때 가장 중요한 일에 집중하는 것이 어렵다.	
21 큰 업무를 세분화하는 것이 어렵고 일정을 짜지 못하는 편이다.	
총점	
22 정리를 잘 못한다.	
23 내 주변을 깨끗하게 정리하는 것이 어렵다.	
24 업무를 체계화하기가 어렵다.	
총점	
25 대개는 그날 계획한 일을 다 마치지 못한다.	
26 어떤 일을 할 때 시간이 얼마나 필요한지 예상하기 어렵다.	
27 약속 시간을 잘 지키지 못한다.	
총점	
28 목표를 이루기 위해 몰두하는 편이 아니다.	
29 장기적인 목표를 이루기 위해 당장의 즐거움을 쉽게 포기하지 못한다.	
30 목표를 설정하는 일이나 업무 성취도를 높이는 일에 집중하지 못할 때가 많다.	
총점	
31 정기적으로 나의 성과를 평가하고 개선 방안을 생각하는 편이 아니다.	
32 객관적인 결정을 내리기 위해 한 걸음 물러서서 상황을 보는 것이 어렵다.	
33 상황판단을 잘 못하고, 다른 사람의 반응에 맞춰 적절히 행동하지 못한다.	
총점	

항목 설명					
항목	실행능력	항목	실행능력	항목	실행능력
1-3	반응억제	13-15	지속적 주의력	25-27	시간관리
4-6	작업기억	16-18	과제착수	28-30	목표지향적 인내심
7-9	감정조절	19-21	계획·우선순위 결정력	31-33	상위인지
10-12	융통성	22-24	정리와 체계화		

자신의 실행능력 강점(최저 점수)	자신의 실행능력 약점(최고 점수)
1	1
2	2
3	3

터 정리정돈을 잘하는 사람은 주변을 정리하는 데 별다른 노력이 필요하지 않다고 느낄 것이다. 하지만 정리정돈에 소질이 없는 사람은 주변을 정리하는 일이 무척 힘들다고 느낀다. 그래서 최대한 미루거나 크게 중요한 일이 아니라고 말해버린다. 이런 회피적인 반응을 보이는 자녀는 부모가 시키는 대로 고분고분 따르지 않는다. 정리와 체계화가 취약한 10대는 자기 침대조차 정리하기 싫어하고, 오래되어 쓸모없는 유인물을 공책 사이사이에 잔뜩 끼우고 다니며, 책상 위의 잡동사니들을 한쪽으로 밀어놓고는 공부할 자리만 겨우 마련해놓는다. 작업기억이 취약한 자녀에게 내일 학교에 챙겨가야 할 것들을 목록으로 만들어보라고 말하면 아이는 터무니없는 말을 들었다는 듯이 쳐다볼 것이다.

여기에 우리가 명심해야 할 중요한 것이 있다. 우리는 실행능력을 설명하는 세미나를 주최할 때마다 청중에게 집안일에 들이는 노력을 예로 들어 생각해보자고 한다. 청중에게 각종 집안일에 1점부터 10점까지 점수를 매겨보라고 하는데, 이때 흔쾌히 하려고 하는 쉬운 집안일에는 낮은 점수를, 반대로 노력이 필요해서 하기 싫은 집안일에는 높은 점수를 매기게 한다. 그러고는 1~3점에 해당하는 집안일과 8~10점에 해당하는 집안일의 예를 들어달라고 한다. 이 과정에서 어떤 사람에게는 1~3점에 해당하는 집안일(요리나 청소와 같은)이 다른 누군가에게는 8~10점이 될 수도 있다는 사실을 깨닫게 된다. 이렇듯 똑같은 일이더라도 사람마다 체감하는 난이도는 모두 다르다.

자녀에게 취약한 실행능력을 활용하라고 말하는 것은 8~10점짜리 일을 시키는 것과 마찬가지다. 그 능력이 부모의 강점일 경우에는 더더욱 자녀가 느끼는 어려움을 헤아리기가 어렵다. 부모는 경험을 통해 잡다한 일들은 오전 중에 마치거나 그 일을 처리할 시간을 정해두는 것이 매우 효과적이라는 것을 배웠다. 그런 부모가 딸아이가 잠들기 30분 전까지도 설거지를 미루는 것을 보면 거의 미칠 지경이 된다. 딸은 계속 재촉을 해야 겨우 움직인다. 그럴 땐 부모 자신이 어려워하는 일을 처리할 때를 떠올리면 자녀가 어떤 상태인지 이해하기가 쉽다. 적어도 공평한 입장이 되어볼 수는 있을 것이다. 하지만 완전히 공평한 입장일 수는 없다. 실행능력이 발달하기까지는 적어도 25년이 걸리며, 주의력장애나 기타 학습장애를 가진 경우에는 그 이상의 시간이 걸리니까 말이다.

부모와 자녀가 함께 앉아서 이야기하는 것을 듣다 보면, 부모가 어렵게 얻은 지식을 얼마나 자녀에게 전해주고 싶어 하는지를 보고 적잖이 놀란다. "내가 갓 대학에 입학했을 때, 기한을 지키려면 시간을 신중하게 계획해서 써야 한다는 것을 배웠단다. 너도 연습해보렴." 또는 "물건마다 놓을 자리를 정해두면 늘 제자리에 그 물건을 두게 되니까 나중에 찾느라고 시간을 낭비하지 않게 된단다." 이런 말을 하는 부모는 두 가지 중요한 것을 놓치고 있다. 자녀는 부모에게 조언을 구하고 있지 않다는 점이다. 그리고 부모는 자신이 효율적인 전략을 습득하기까지, 또는 뇌가 성숙해지기까지 얼마나 오랜 시간이 걸렸는지를 기억하지 못한다. 부모는 자녀가 그런 전략을 습득하기까지는 자신에게 필요했던 것과 동일한 시간과 연습이 필요하다는 사실을 알아채야 한다. 지름길은 없다는 것을 명심하자. 그러지 않고 충고를 남발하면 자녀는 눈을 굴리며 한숨 소리를 내거나 이제 그만 좀 하라고 말할 것이다.

이제 부모는 자녀에게 다음과 같이 말해줄 수 있다.

• 나는 시간관리에 강하지만 넌 그렇지 않구나. 엄마(아빠)는 네가 영어 과제를 마칠 시간이 충분한지 조금 걱정된단다. 엄마(아빠)가 걱정하지 않게 네 생각을 말해주면 좋겠어.

• 네가 스트레스를 받을 때 감정조절이 어렵다는 걸 알아. 수학 숙제를 깜빡하지 않고 제때 한다면 상황이 더 나빠지기보다는 오히려 스트레스가 줄어들 것 같은데, 우리 이 이야기를 좀 해보면 어떨까?

• 나도 인정해. 난 지나치다시피 깔끔하고 넌 정리하는 데는 소질이 없지. 네 침실을 정리하는 문제에 대해 우리 둘 다 받아들일 수 있을 만한 타협점을 찾아보면 어떨까?

나는 어떤 부모인가?

부모가 자신의 실행능력 특성을 이해하고 자녀의 능력과 어떻게 다른지 아는 것은 부모와 자녀 간의 소통에 도움이 된다. 그러나 자녀의 실행능력 향상을 어렵게 만드는 양육 유형이 너무 많다. 다음의 유형 가운데 자신이 어디에 해당하는지 객관적으로 살펴보자.

1. 지나치게 개입하거나 일일이 간섭하는 부모

어떤 부모는 자신의 치밀한 감독 없이는 자녀가 성공하지 못할 것이라 생각한다. 자녀가 같은 문제로 오랜 기간 씨름하고 있지만 눈에 띄게 좋아지지 않는다면 부모가 이렇게 반응하기 마련이다. 부모는 자신의 전두엽을 자녀를 돕는 데 모두 쓰지 않으면 자녀에게 큰일이라도 날 것처럼 겁을 낸다. 이런 부모는 자녀에게 매번 할 일을 일러주고 아이의 방, 가방, 공책을 정리해주며 심지어 숙제까지 대신 해준다. 보고서를 검토해서 수정해주고, 자기소개서를 대신 작성해주고, 지원하고자 하는 대학에 대신 연락해보기까지 한다. 그 외에 다른 일도 수없이 돕고 또 돕는다. 이런 부모 밑에서 자란 자녀는 부모에게 화를 내면서도 의존한다. 이는 서로에게 전혀 도움이 되지 않는 관계다. 실행능력은 연습을 통해 발달하는데, 일일이 간섭하는 부모는 자녀가 실행능력을 연습할 기회를 제한한다.

2. 자녀를 도우려 하지만 끝까지 챙겨주지 못하는 부모

어떤 부모는 자녀를 도울 훌륭한 체계를 갖추고 있지만 그 체계를 유지하지 못한다. 이런 부모는 시작은 순조롭게 하지만 시간이 지날수록 흐지부지하는 편이다. 자녀에게 숙제를 마치기 전에는 게임을 하지 말라고 해도 며칠 지나지 않아 학교에서 돌아오자마자 컴퓨터 앞에 앉아 있는 아이를 볼 수 있다. 그리고 이런 부모는 자녀와 약속을 하고도 잊어버리거나 너무 바빠서 약속을 지키지 못한다. 자녀가 숙제를 제날짜

에 마칠 수 있게 저녁마다 확인해주기로 하거나 장기 과제를 주기적으로 확인해주기로 하고서는 깜박 잊는 부모도 있다.

이런 상황은 부모가 자신의 취약한 실행능력을 고려하지 않았을 때 종종 발생한다. 예를 들면 작업기억이 취약한 부모가 자녀에게 해야 할 일을 상기시켜주겠다고 약속하는 경우다. 부모가 뒷감당을 하지 못하면 부모와 자녀 모두 좌절감을 느끼게 된다. 이런 부모는 자녀의 실행능력 발달에 도움이 되지 않는다. 10대 자녀는 부모가 잊어버리는 일이라면 자신에게도 그다지 중요하지 않은 일이라고 여긴다. 그뿐 아니라 자신이 부모에게 그다지 중요하지 않은 존재일지 모른다는 생각을 하게 되어 상처받을 수도 있다.

3. 제 자식 감싸기에만 급급한 부모

어떤 부모는 자녀를 두둔하기 바쁘다. 주의력장애가 있으면 실행능력의 발달이 지연될 수 있다는 것을 알기 때문에 자녀에게 부담을 주고 싶지 않은 것이다. 또는 친구를 사귀는 데 어려움을 겪고 있거나, 부모가 이혼을 준비중이어서 자녀를 더 힘들게 만들고 싶지 않은 것이다. 이런 부모는 자녀가 숙제를 깜빡 잊거나 집에 두고 가는 바람에 제때 제출하지 못해도 나중에 제출하면 된다고 생각한다. 이런 태도로 인해 자녀의 실행능력 발달이 더욱 지체될 수도 있다.

이런 부모는 문제가 생기면 자신을 자책하거나 상황을 탓한다. 또한 자녀 스스로 책임지게 하기보다는 부모가 대신해서 처리한다. "내가 영어 숙제를 하라고 알려줬어야 했는데 잊었구나. 선생님한테 전화해서 늦게라도 제출할 수 있는지 물어보마." 이런 상황이 반복되면 아이는 자신이 어떤 일을 그르쳤을 때 다른 누군가가 구해줄 것이라고 여기게 된다.

4. 실패를 교훈으로 삼아 배우게 하려는 엄격한 부모

실패를 통해 교훈을 얻는 것은 사실이다. 하지만 실행능력이 현저하게 떨어지는 10대에게 반복해서 실패를 겪게 하는 것은 능사가 아니다. 엄격한 부모는 종종 아이의 의지가 부족해서 문제가 생긴다고 오인한다. 아이가 좀 더 신경을 쓴다면 공책도 잘 정리할 것이고, 수학 숙제도 잊지 않을 것이며, 계획도 더 잘 짤 테고, 과학 실험 보고서도 제시간에 제출할 거라고 본다.

의지나 동기가 중요한 것도 사실이지만 아이의 능력 부족도 함께 고려해야 한다. 자녀는 실제로 책가방을 어떻게 정리해야 하는지 모르고, 시간을 어떻게 관리해야 하는지도 모르며, 자신이 해야 할 일들을 전부 기억하는 법도 모를 수 있다. 이런 경우 아이를 처벌한다고 해서 나아지는 것은 없다. 오히려 지속적으로 무기력감과 패배감을 느끼게 되어 상황이 더 악화될 뿐이다. 이런 부모를 둔 10대 자녀는 부모를 기쁘게 할 수 있는 것이 아무것도 없다고 느끼기 때문에 어떤 노력이나 시도도 할 필요가 없다고 생각한다.

5. 줏대 없이 오락가락하는 부모

이런 부모는 처음에는 자유방임적인 태도를 보인다. '무소식이 희소식'이란 생각에 아이가 잘하고 있겠거니 바라다가 그렇지 않다는 것을 알게 되면 펄쩍 뛰는 극단적인 반응을 보인다. 그리고 "너 성적 평가 기간 내내 외출금지야!"라며 가혹한 벌을 내린다.

부모는 종종 휴대전화를 압수하거나 아이가 좋아하는 전자기기를 사용하지 못하게 하는 벌을 내리곤 한다. 그런데 너무 지나치게 나가는 바람에 자녀가 떼쓰며 울게 만들고, 결국 안 된다고 했던 일들을 다시 해도 되게끔 허용하는 실수를 한다. 이런 과정을 거치면서 자녀는 시간이 지나면 부모가 벌을 주기로 한 것을 잊어버리거나 너무 화낸 것이 미안해서 그 벌을 없던 걸로 해준다고 배운다. 아이들은 처음 날아오는 공격만 잘 견디면 어느새 모든 일이 없었던 것처럼 될 거라고 학습한다.

6. 문제해결 방법에 대해 의견 차이를 보이는 부모

10대 자녀의 취약한 실행능력에 대해 부모 각각이 의견을 달리하는 경우다. 부모가 의견 차이로 말다툼을 벌이면 자녀는 자신의 문제보다 부모가 대립하는 상황이 더 큰 문제라고 생각하게 된다.

때로는 10대 자녀가 이런 갈등 덕분에 안심하기도 한다. "잘됐네, 두 분이 싸우느라 내가 지금 뭘 망쳐놨는지는 까맣게 잊어버렸군."

자신이 부모에게 그다지 중요하지 않은 존재일지 모른다고 느끼는 10대 자녀도 있다. "엄마, 아빠한테는 나보다 서로가 더 중요한 모양

이야.”

부부간에 의견 차이가 있으면 모두가 문제를 회피해버리는 결과를 낳을 수 있다. 이런 경우 자녀가 도움을 원해도 얻을 수 없다. 결국 자녀는 독립을 위해 필요한 능력을 배우지 못한다.

7. 수평적이고 지도적인 부모

톨스토이는 “행복한 가정의 살아가는 모습은 모두 비슷하다. 그러나 불행한 가정이 불행한 이유는 제각기 다르다.”라고 말했다. 마찬가지로 자녀의 실행능력 발달에 부정적인 영향을 미치는 양육 유형은 여러 모습이지만, 긍정적인 영향을 미치는 양육 유형은 ‘수평적이고 지도적인 양육’ 단 한 가지다. 실행능력 발달을 효과적으로 돕는 부모는 다음과 같다.

- 자녀의 말을 주의 깊게 들어준다.
- 섣불리 해결책을 제안하기보다는 자녀가 스스로 문제를 해결해볼 기회를 준다.
- 문제해결에 협력적으로 접근하여 동등한 입장을 취한다.
- 자녀와 소통할 때 존중하는 태도로 임한다.
- 성급히 판단하고 평가하기보다는 객관적으로 관찰하고, 생각을 자녀와 공유한다.
- 약속을 한 경우에는 충실히 이행한다.

당신은 어떤 양육 유형에 속하는가? 자녀도 당신 생각에 동의하는가? 부모와 자녀는 종종 상대의 행동을 서로 다르게 파악하기도 한다. 부모가 어떤 양육 유형에 속하는지에 대해 부모와 자녀가 이견을 좁혀 간다면 이 책의 전략을 좀 더 효과적으로 활용할 수 있다.

수평적이고 지도적인 부모 되기

우선 부모와 자녀 간에 의견 차이가 없는지 살펴보자. 의견이 일치한다면 부모가 어떤 양육 유형에 속하는지는 별로 중요하지 않다. 부모와 자녀가 같은 지점에서 소통을 시작할 수 있다는 점이 중요하다.

부모의 양육 유형에 대해 부모와 자녀의 생각이 크게 다르다면 자녀의 의견을 이해하기 위해 대화의 시간을 가질 필요가 있다. 자녀가 자신의 생각을 뒷받침할 만한 적당한 예를 들어 설명하면 도움이 될 것이다. 부모는 자녀가 말하는 것을 잘 듣고 수용하려고 노력하자. 그런 다음 부모의 의견을 뒷받침할 만한 예를 들어 설명해보고 자녀가 이해했는지 확인하자. 다음은 이런 대화의 예다.

> 자녀 엄마는 엄마가 수평적·지도적 양육 유형에 속한다고 생각하죠? 지도적인 것은 맞아요. 하지만 별로 수평적이진 않아요. 오히려 권위적이죠. 작년에 제가 캠핑에 가고 싶어 했던 거

기억해요? 엄마는 자세히 이야기를 들어보지도 않고 안 된다고 딱 잘랐어요. 그러고는 엄마에게 대든다며 외출금지를 시켰고요. 아빠는 한 번 생각해 본다고 했는데 말이죠.

엄마 그건 맞는 말이구나. 내가 융통성이 부족했던 것 같아. 하지만 너도 네 의견을 주장할 땐 굉장히 공격적인 걸 아니? 내가 강하게 나갈 때는 너와 대립이 시작될 것 같다고 느껴질 때야. 넌 내가 뭐라고 말하든 네 생각만 몰아붙이거든.

이 과정의 목표는 수평적·지도적 유형으로 향하는 것이다. 따라서 대화를 나눈 후에는 어떻게 하면 수평적·지도적 양육 유형에 이를 수 있겠는지 말해보자. 부모는 아래와 같은 말을 해줄 수 있다.

엄마 이야길 나누다 보니 내가 잘못 판단하거나 실수한 부분이 있다는 걸 알게 됐어. (여기서 부모의 양육 유형에 대해 다시 요약하는 말을 하자.) 네가 부모의 도움을 필요로 한다고 생각하기 때문에 더 잘하고 싶단다. 그래서 네 이야기에 더 귀를 기울이고, 문제해결과 의사결정을 할 때 너와 함께해야겠다고 생각해. 그러니 네 의견이 중요하단다. 다만 네 생각대로 대처해서 문제가 생길 것 같다면 제재하는 역할을 해야겠지. 부모에게 양육은 쉬운 일이 아니야. 부모는 네가 원하는 방식대로 하게 됐다가 잘못될 경우도 고려해야 한단다. 실수를 통해 배워도 되는 상황인지 아니면 너무 위험이 커서 피해를 감당할 수 없는 상황인지 판단해야 해. 난 네 의견을 받아들이고 최대한 협조할 거야. 하지만 내가 내린 최후의 결정이 네가 바라는 방향이 아니더라도 그것이 너를 사랑하는 마음에서 비롯된 것이고 네가 너무 위험한 실수를 하지 않길 바라기 때문이라는 것을 알아주면 좋겠구나.

부모의 양육 유형에 따라 다음과 같이 바꿔 말할 수 있다.

• 지나치게 개입하거나 일일이 간섭하는 부모

내가 항상 권위적이었던 바람에 네게 기회를 주지 않았구나.

• 자녀를 도우려 하지만 끝까지 챙겨주지 못하는 부모

난 너와 한 약속을 잘 지키지 않았어.

• 제 자식 감싸기에만 급급한 부모

네가 감당할 힘든 일들을 생각하면 마음이 아파서 그랬단다.

• 실패를 교훈으로 삼아 배우게 하려는 엄격한 부모

네가 실수를 통해 배울 거라고 생각해서 도움을 주지 않은 거란다. 아무래도 내가 지나치게 행동한 것 같구나.

• 줏대 없이 오락가락하는 부모

네가 잘되기만을 바라면서 될 대로 되란 식으로 내버려두고는 정작 결과가 안 좋으니 난리를 쳤더구나.

• 문제해결 방법에 대해 의견 차이를 보이는 부모

네 아빠와 나 사이에 의견 차이가 있었고 너를 혼란스럽게 했어.

이런 대화를 자녀와 나누고 싶지만 부모와 자녀의 관계가 너무 틀어진 상태거나 대화가 성공적으로 진행될 것 같지 않을 때는 제3자인 청소년교육 전문가를 중재인으로 참여시키는 것도 좋다. 그 밖의 경우에는 상담가나 치료사를 찾아가는 것도 좋다.

부모와 자녀가 이런 대화를 나눴고 그 대화가 잘 진행되었다면 이 책의 나머지 부분에 나오는 제안들을 활용할 준비가 된 것이다. 실행능력의 강점과 약점, 자녀의 반응 유형, 부모의 양육 유형과 같은 중요한 부분에서 부모와 자녀의 의견이 일치할수록 우리가 제시하는 제안들이 더 유용하게 쓰일 수 있다는 사실을 잊지 말길 바란다.

2장

아이의 실행능력,
부모에게 달려있다

4

10대 자녀의 실행능력 향상을 위한 10가지 로드맵

이제 우리는 10대 자녀의 실행능력 향상을 돕기 위한 본격적인 준비를 하려고 한다. 이번 장에서는 당신이 10대 자녀를 돕는 데 길잡이가 될 열 가지 로드맵을 알려줄 것이다. 자녀가 처한 상황, 자녀의 특성에 맞는 전략을 발전시키는 데 활용할 수 있다. 이것들을 부모와 자녀 간의 갈등을 최소화하는 데도 도움이 된다.

1. 10대 자녀가 실행능력이 있으면서도 이를 활용하지 않는 것이라고 단정 짓지 않는다

부모는 자녀가 다른 핑계를 대며 일부러 실행능력을 활용하지 않는다고 보기 쉽다. "제이슨은 친구들에게 따돌림 당하는 게 싫어서 술을 마시라는 친구들의 압력을 뿌리치지 못한 거야.", "에밀리는 자기 과제를 체계화하고 정리하는 법을 잘 알고 있어. 그저 바인더를 정리하는 걸 게을리한 것뿐이야." 이런 식의 가정은 터무니없다.

부모는 자녀가 성장하는 과정을 봐왔기 때문에 이미 실행능력이 생겼다고 여긴다. 필요한 가르침을 받았고, 수많은 연습의 기회를 가졌으며, 실수를 통해 보고 배웠으니 충동을 억제하는 법과 정리하는 법을 알고 있을 것이라 기대한다. 그러나 실상은 어떤가? 1장에서 10대 자녀의 실행능력을 평가한 결과를 떠올려보자.

동기가 부족해서가 아니라 특정 능력이나 기술이 부족하기 때문에 하게 되는 행동도 있음을 인식하는 것이 중요하다. 부모가 자신의 실행능력을 평가하면서 알게 되었듯이, 우리 모두에게는 강점도 있고 약점도 있다. 똑똑하고 정보에 관심이 많은 아이라도 그 정보를 가지고 프로젝트나 보고서 같은 결과물을 만들어내는 건 힘들어할 수 있다. 다음은 10대 자녀가 어떤 실행능력을 지녔는지, 그리고 그 능력을 적용하는 법을 알고 있는지 확인하는 데 도움이 될 만한 질문들이다.

- 자녀가 지금보다 더 어렸을 때를 기억해보자. 아이의 선생님이 작업기억, 정리와 체계화, 시간관리, 그 밖의 능력에서 문제가 있다고 말한 적이 있는가?
- 아이가 초등학생일 때 분실물을 찾으러 학교에 가는 일이 잦았나?
- 아이가 관심 있는 분야에서만 잠재력이 발휘되는 편인가?
- 아이가 중학생이 되었을 때 선생님이 아이의 동기 부족을 문제 삼

거나 게으르다는 평가를 한 적이 있는가? '노력이 필요하다'거나 '잠재력을 발휘하지 않는다', 또는 '창의적인 사고력이 있으나 그것을 글로 옮기는 과제를 해내지 못한다'는 말을 한 번 이상 들어봤는가?

• 숙제가 많으면 미루거나 시간 내에 마치지 못하는가? 또는 숙제를 시작한다 해도 혼자서 해내기 힘들어하는가? "말싸움하는 시간의 반만 네 숙제에 썼더라면 이미 숙제를 마쳤을 거야."라고 아이에게 말하거나 생각한 적이 한 번 이상 있는가?

• 아이가 중학생이 된 뒤에도 여전히 성실하지만 성적은 초등학생 때보다 떨어졌는가?

• 시간 지키기, 학교 준비물 챙기기, 집안일을 시작하거나 마치기, 아침에 일어나기 같은 일을 자주 일러주거나 잔소리해야 하는가?

• 아이가 학교 공부와 재미있는 일 가운데 후자를 먼저 선택하는 편인가?

• 10대 자녀를 TV 시청이나 SNS, 문자 등의 문제로 자주 감시해야 하는가?

• 아이가 관심 있어 하는 활동인데도 끝까지 해내지 못하는 경우가 많은가?

자녀가 위의 설명 가운데 몇몇 문제를 겪고 있다면, 이는 아이의 실행능력 부족에서 비롯된 것이다. 여기서 얻은 정보와 1장에서 평가한 실행능력을 함께 고려해 우선적으로 개선해야 할 실행능력이 무엇인지 생각해보자.

> 드류의 부모는 공부 습관 문제로 드류와 자주 충돌한다. 부모가 보기에 드류는 문자를 주고받고 컴퓨터를 하느라 성적이 좋지 않다. 휴대전화와 컴퓨터 사용을 제한해도 공부에 집중하지 못한다. 외부 방해물의 영향도 있겠지만, 드류의 부모는 아이에게 지속적 주의력과 목표지향적 인내심이 부족하다는 사실을 깨달았다.

2. 실행능력은 저절로 습득되는 것이 아니므로 자녀가 실행능력을 배우도록 돕는다

10대 자녀가 우연히 실행능력을 배울 수 있다고 생각하는 부모와 교사가 많다. 본보기를 보이거나 이따금씩 일러주는 등 그다지 체계적이지 않은 느슨한 방법만으로도 실행능력을 길러줄 수 있다고 본다. 또는 부모나 선생님이 많이 도와줄수록 자녀가 스스로 해볼 기회가 줄어들기 때문에 도와주기보다는 오히려 느긋하게 기다려야 한다고 생각하기도 한다. 실행능력을 스스로 배워서 효과적으로 사용하는 능력을 타고난 청소년도 있지만 혼자서는 배우지 못하고 문제를 겪는 아이도 있다. 후자의 경우라면 자녀의 실행능력이 저절로 발달하기를 기다리고 있을 수만은 없다.

청소년에게 실행능력을 길러주려면 어린아이에게 해주는 것과는 다

른 방법이 필요하다. 청소년들은 자기 물건을 정리하는 법, 시간을 관리하는 법, 감정을 조절하는 법을 날마다 일러주는 것을 못 견뎌한다. 물론 부모가 사사건건 의사결정을 대신 내려주면 결국 자녀의 성장과 발달을 저해하게 된다. 그럼에도 부모는 의사결정의 일정 부분을 맡아야 한다. 청소년은 독립적으로 의사결정을 하는 데 필요한 기술들을 아직 충분히 습득하지 못했기 때문이다. 부모의 도움과 자녀의 독립 사이에서 균형을 잡기 위해서는 꼭 필요한 과정이다.

> 에밀리의 아들 톰은 약속을 자주 잊어버리고 종종 지각도 하지만 단순히 부모가 옆에서 일러주는 것만으로는 개선이 되지 않았다. 그래서 에밀리는 톰과 마주 앉아 휴대전화를 이용해 일정을 체크하는 방법을 설명했다. 그리고 예상치 못한 일이 생길 경우를 대비해 여분의 시간을 할당하는 것이 얼마나 중요한지 일러줬다. 에밀리는 톰이 스스로 휴대전화의 알람기능을 잘 활용할 수 있을 때까지는 문자를 보내 할 일을 기억나게 해주기로 했다.

3. 독립하고 싶어 하는 10대 자녀의 내재된 욕구가 무엇인지 이해한다

청소년과 어린이의 근본적이고 중요한 차이점은 청소년이 어린이보다 주도성과 독립심에 대한 욕구가 크다는 점이다. 이는 부모에게 중대한 기회와 난제를 동시에 안겨준다. 자녀와 부모가 같은 결과를 추구하기 때문에 기회가 될 수 있다. 말하자면 자녀는 가능한 한 독립적인 주체가 되고자 하며, 부모도 자녀의 독립적인 생활을 바라기 때문에 서로에게 이상적인 상황이다. 그러나 안타깝게도 그렇지 않을 때도 있다. 특히 실행능력이 취약한 청소년의 부모에게는 더더욱 그렇다. 이는 자녀와 부모가 자녀의 의사결정 능력에 대해 근본적으로 다른 관점을 갖고 있기 때문이다. 10대 자녀는 적어도 부모 앞에서만큼은 자신이 안전하고 적절한 결정을 내릴 수 있다고 자신한다. 하지만 이런 자신감이 반드시 훌륭한 의사결정으로 이어지는 것은 아니다. 이런 상황에서 부모는 이중고를 겪는다. 자녀의 의사결정 능력을 발달시키려면 자녀가 의사결정을 해야 할 상황에 놓였을 때 부모는 손을 떼야 한다. 하지만 여전히 어떤 결정들은 부모의 손에 달려 있는 상태다. 게다가 10대 자녀는 부모가 독단적으로 내린 결정을 싫어하며 함께 결정하는 것도 별로 반기지 않는다. 이럴 때 부모는 자녀가 큰 위험에 빠지지는 않으면서 동시에 주도성은 발휘해볼 수 있는 그런 기회를 만들어줘야 한다.

이때는 자녀가 관심을 보이는 목표 가운데 독립심을 기를 수 있는 목표를 선택해서 이뤄보게 하자. 예를 들어 컴퓨터 자격증을 따게 하거나 최신 휴대전화를 구입하게 해서 능력을 길러주는 것이다.

샌더스 가족은 버몬트 주에 있는 친척의 결혼식에 참석하기 위해 호텔을 예약해야 했다. 마침 아들 토드가 친구들과 함께 스키 여행을 계획하고 있어서 아들에게 적당한 호텔을 찾아보게 했다. 부모는 아들에게 가격대에 맞는 숙소를 찾아보는 방법을 연습할 기회를 주고 싶었다.

4. 장기적인 목표는 부모의 도움을 줄이고 독립심을 높이는 것이지만 무엇보다 중요한 것은 자녀가 포기하지 않고 계속 노력하게 만드는 것이다

부모는 자녀가 경험을 통해 배우길 바라지만, 동시에 감당하기 어려운 실수는 저지르지 않길 바란다. 그렇다면 부모는 자녀의 취약한 실행능력이 무엇인지와 그 취약성이 어느 정도인지를 이해해야 한다. 어떤 실행능력이 얼마큼 취약한가에 따라 아이가 맞닥뜨릴 위험의 정도 또한 다르기 때문이다.

예를 들어 작업기억이 취약한 경우에는 학업에 부정적인 영향을 미칠 수 있다. 하지만 아이의 신경을 거스르지 않으면서도 독립심이 자라게 돕는 도구와 전략이 있다. 그러나 목표지향적 인내심이 취약한 경우에는 이보다 더 심각한 문제가 된다. 10대가 지금 일어나는 일을 먼 미래와 연관 지어 생각하는 것은 쉽지 않다. 그러므로 당장은 별로 중요하지 않아 보이는 일이라도 미래를 위해 하도록 동기를 부여하는 방법을 찾아

야 한다. 또한 반응억제가 취약한 경우를 생각해보자. 특히 또래의 영향을 받아서 담배, 술, 성관계를 경험하는 것은 10대에게 큰 위험이 된다.

이런 문제가 전혀 없는 경우라면 부모는 10대 자녀가 자기관리 능력과 독립심을 기를 수 있도록 일정한 위험을 받아들일 준비를 해야 한다. 때로는 그 위험이 꽤 클 수도 있다. 이런 지뢰밭을 잘 헤쳐가기 위해서는 받아들일 만하다고 보는 위험의 정도를 계속 정하고 수정해야 한다.

티나의 성적은 계속 곤두박질치고 있다. 하지만 티나는 알아서 하겠다고 고집을 부린다. 티나의 부모는 개입하지 않기로 티나와 합의했다. 대신 티나가 예전의 성적으로 돌아가기 위해 담임 선생님과 함께 계획을 세워 실천하고 있다는 증거들을 보여줘야 한다고 말했다. 선생님과 주고받은 이메일은 물론 학교 웹사이트에 올라오는 성적을 부모가 체크할 수 있어야 한다는 조건을 달았다.

5. 외부 환경을 바꾸는 것부터 시작한다

앞에서도 언급했듯이 부모는 자녀의 전두엽 역할을 대신해야 한다. 자녀가 아주 어리면 부모는 횡단보도에서 아이의 손을 꼭 잡아 안전하게 보호한다. 자녀가 조금 크면 도로로 뛰어들어선 안 된다고 가르치고 '길을 건널 땐 좌우를 잘 살펴야 한다'는 규칙을 알려준다. 아이가 규칙을 이해하게 되면 그때부터는 혼자서도 안전하게 길을 건널 수 있다. 이처럼 부모는 자녀의 미숙한 실행능력을 보완해주기 위해 아이의 주변 환경을 조성한다.

자녀가 청소년이 된 지금도 마찬가지다. 그런데 자녀가 어릴 적에는 잘 따르던 도움이나 지시를 이제는 받아들이기 어려워한다는 사실을 알게 된다. 따라서 10대 자녀를 위한 외부 환경은 아동기 때와는 크게 달라야 한다.

외부 환경 변화란 주변 환경이나 과업의 변화는 물론 부모와 자녀가 상호작용하는 방식의 변화까지 아우른다. 청소년을 위한 환경 변화는 간단한 것부터 수준 높은 것까지 범위가 넓다. 과업을 변화시킬 때는 10대 자녀가 수행하기 쉬운 작은 일부터 시작하게 하는 것이 좋다.

자녀의 실행능력을 보다 효과적으로 길러주고 싶다면, 아이에게 변화를 요구하기 전에 외부 환경부터 바꿔주자. 예를 들어 방 청소를 시키기 전에 입고 난 옷을 벗어둘 수 있도록 빨래바구니를 마련해주는 식이다. 10대 자녀와 상호작용하는 데는 소통의 기술이 반드시 필요하다.

> 제프가 책가방을 놓고 가는 일이 반복되자 제프의 부모는 매일 현관문에 눈에 띄는 색깔 메모지를 붙여서 책가방을 챙길 수 있게 도왔다. 그러자 매일 메모지를 붙이던 것이 이틀에 한 번꼴로 줄었다. 이후에는 아침식사 시간에 제프의 휴대전화 알람이 울리도록 설정해 가방을 잊지 않고 챙기게 되었다. 시간이 흐르면서 제프는 잊지 않고 책가방을 챙길 수 있게 되었다.

6. 자녀와 부딪치지 않고 도울 수 있는 전략을 활용한다

이 원칙은 자녀의 유형과 강점을 이해하고 소통과 협상에 임해야 한다는 것을 의미한다. 자녀와 좋은 관계를 유지하려면 자녀의 반응 유형을 파악하는 것과 동시에 부모 자신의 양육 유형을 아는 것이 중요하다. 자녀의 특성을 알면 어떤 접근법이 적절한지 결정지을 수 있다. 부모와 협상할 마음이 있는 10대 자녀와 "엄마, 아빠가 무슨 상관이야?"라는 식의 태도를 보이는 10대 자녀는 크게 다르다. 또한 부모가 권위적인 입장을 취할 때와 수평적인 입장을 취할 때 10대 자녀의 반응은 매우 다를 수밖에 없다. 최후통첩만 하는 부모는 자녀가 의사결정을 할 수 있는 기회를 좀처럼 주지 않는다. 그러다 보면 자녀는 이를 주도권 싸움으로 여기게 되어 반감만 품게 된다.

부모와 자녀가 서로의 기대치와 규칙에 대해 자주 대화할수록 부모의 노력이 빛을 발한다. 그리고 자녀가 자신의 강점을 이해하고 활용하도록 돕는다면 자녀의 반응은 보다 긍정적일 것이다. "동생이 네 물건을 건드렸을 때 화내지 않고 차분히 잘 대처했더구나." 또는 "저녁식사 때 먹을 찬거리를 사다 줘서 고맙다."와 같이 표현하면 자녀의 실행능력 발달에 큰 도움이 된다.

또한 부모에게 쉬운 일이라고 해서 자녀에게도 쉬운 일인 것처럼 말하지 않는다. 자녀의 노력이 부적절하다고 지적하거나 부모가 제시한 대안이 더 낫다는 식으로 말하지 않도록 조심하자.

자녀는 부모가 자녀의 안전과 미래를 위해 돕고 있다는 것을 이해할

때 부모의 제안과 도움을 보다 열린 자세로 수용한다. 부모는 자신이 자녀를 위하는 마음을 당연하다고 여길지 몰라도 자녀는 그렇게 느끼지 못할 수 있으니 자주 일깨워주는 것이 좋다.

> 카일라는 집안일을 정말 싫어한다. 집안일을 할 때는 쉽게 산만해지고 단순한 일도 몇 시간씩 미루려 한다. 하지만 심부름은 곧잘 한다. 지시사항이 복잡하고 많아도 잘 기억해서 해낸다. 그래서 카일라의 아버지는 카일라가 짧고 한정된 시간 안에 집안일을 해낼 수 있도록 했다. 카일라에게 규칙적으로 심부름을 시키고 심부름을 가기 전의 막간을 이용해 집안일을 하라고 일러준 것이다.

7. 자녀의 발달 수준을 고려한다

대부분의 부모가 자녀의 실행능력이 뛰어나길 바라지만 그렇다고 5살짜리 아이가 어린이집에 가져갈 도시락을 준비하거나, 10살짜리 아이가 수련회에 가기 전에 스스로 짐을 꾸리거나, 14살짜리 아이가 집을 떠나 독립해서 살기를 기대하는 것은 아니다. 하지만 개별 사례들을 보면 아이에 대한 부모의 기대 수준이 상당히 비현실적이라는 사실을 알 수 있다. 우리는 고등학교에 갓 들어간 자녀가 대학 진학에 대한 계획을 세우지 않았다며 속상해하는 부모를 적지 않게 만났다. 실제로 고등학교 졸업반 아이들조차 대학 진학과 관련해서는 부모나 진학지도 선생님의 도움을 필요로 하는 경우가 많다.

부모가 자녀의 나이에 맞는 행동이 무엇인지 이해하고 지나친 기대를 하지 않는 것이야말로 자녀의 취약한 실행능력을 보완해주기 위한 첫걸음이다. 우리는 1장에서 10대가 수행할 것이라 기대할 수 있는 활동들을 제시했다. 그러나 자녀의 실행능력이 또래보다 부족하다면 부모는 현재 자녀의 수준에 맞춰 개입해야 한다. 즉, 과업이 자녀의 실제 발달 수준에 적합한지 알아봐야 한다.

또한 부모는 10대 자녀가 얼마나 노력할 수 있느냐에 맞춰 과업을 수정해야 한다. 과업 가운데는 노력이 보다 더 요구되는 것들이 있다. 노력이 필요한 과업에는 두 가지 종류가 있다. 하나는 소질이 없어 잘 해낼 수 없는 일이고, 다른 하나는 잘할 수는 있지만 하고 싶지 않은 일이다. 과업의 종류에 따라 다른 전략을 적용하는 것이 필요하다.

자녀가 잘 해내지 못하는 과업은 단계를 세분화해서 첫 단계부터 진행시키거나 맨 마지막부터 거꾸로 해나가게 한다. 이전 단계가 숙련되지 않은 상태에서 다음 단계로 넘어가서는 안 된다.

세탁을 예로 들어보자. 마지막 단계부터 시작하는 경우, 당신이 맨 마지막 단계를 제외한 모든 단계를 마친 후 자녀에게 마무리를 맡긴다. 첫 단계부터 시작하는 경우는 밝은 색 옷과 어두운 색 옷을 구분하는 것부터 맡긴다. 이 과정에서 칭찬이 반드시 필요하다. 그리고 완전히 숙련된 후에 다음 단계로 넘어간다.

이것은 만만한 과정이 아니다. 하지만 부모 눈에는 아이가 '하기 싫어서 안 하는' 것으로 보일 때가 많다. 과업 훈련이 부모와 자녀 간의 전쟁으로 번지면 자녀는 그 과업을 하지 않으려 할 것이다. 얻을 게 없는 싸움이라면 싸움의 성격을 바꿔야 한다. 당신의 목표는 자녀가 중도에 포기하고 싶은 마음을 억누르고 계속해서 노력을 기울이게 돕는 것이다. 이를 위해서는 첫 단계를 아주 쉽게 만들어서 자녀가 힘들이지 않고도 할 수 있게 하고, 첫 단계를 이룬 직후에 보상을 해주는 것이 좋다. 보상은 작은 노력으로 첫 단계를 마친 자녀가 그보다 더 노력할 마음이 생길 만큼 주어져야 한다. 그 뒤로는 보상을 얻기 위해 기울여야 하는 노력의 양을 점차 늘려간다.

마지막으로 부모에게는 간단해 보이는 해결책이 자녀에게는 간단하지 않을 수 있다는 것을 명심하자. 부모에게 강점인 실행능력이 자녀에게는 취약한 능력이라면 특히 그렇다. 정리정돈을 예로 들어보자. 10대 자녀의 방을 들여다본 부모는 어떻게 정리하면 좋을지를 한눈에 그려낸다. 하지만 자녀는 부모만큼 쉽게 그려내지 못한다. 그렇다고 부모가 하나하나 지시할 경우에는 10대 자녀의 자율성과 자신감을 해치게 된다. 따라서 부모는 어디서부터 시작할지 모르는 사람을 가르치듯 접근해야 한다. 자녀에게 동기를 부여하고 적당한 보상을 제시하는 것이 좋은 방법이 될 수 있다.

브렌다는 딸아이가 할 일을 끝까지 해내지 못하는 것 같아 걱정이다. 딸은 약속을 정하거나 고장 난 물건의 수리를 맡기는 일을 시작하기도 전에 겁을 낸다. 브렌다는 딸이 전화를 걸어 말해야 할 때 어떤 말을 하면 좋을지 코치해 이런 일을 자신감 있게 할 수 있도록 돕기로 했다.

8. 자녀가 성공할 수 있도록 충분히 돕는다

너무도 간단하고 당연해 보이지만 이 원칙을 충실히 따르는 것은 생각만큼 쉽지 않다. 이 원칙의 핵심은 두 가지로 나눌 수 있다. 첫 번째는 자녀를 충분히 도와야 한다는 것이고, 두 번째는 자녀가 성공하도록 만들어야 한다는 것이다. 하지만 부모들은 흔히 다음 두 가지 실수 중 하나를 저지르곤 한다. 하나는 아이를 도와줘서 성공시키긴 하지만 지나치게 많이 도와준 나머지 아이 혼자서 해내는 능력을 기르는 데는 실패하는 경우다. 다른 하나는 제대로 도와주지 않아 결국 실패하고 혼자서 과업을 수행할 능력도 기르지 못하게 되는 경우다.

이 원칙을 잘 적용하려면 먼저 부모가 지금까지 자녀에게 어떻게 해왔는지를 돌아봐야 한다. 그런 다음, 앞으로도 계속 자녀를 도와야 할 일과 자녀 스스로 해보도록 맡길 일이 무엇인지를 구분해야 한다. 10대 자녀가 새로운 과업을 배울 때 부모는 처음부터 도움이 필요할 거라고 생각하기 쉽다. 하지만 아이는 자신이 해볼 수 있는 데까지 해보고 난 뒤 도움을 받는 것이 가장 좋은 방법이라 여긴다. 부모가 자녀에게 과업을 어떻게 배워갈 계획인지 물어보기만 해도 이런 의견 차이는 좁혀진다. 때로는 자녀가 스스로 해보겠다고 말했지만 거의 진행이 되지 않은 경우도 있다. 은행 계좌를 개설하거나 아르바이트 자리를 알아보는 등 동기가 충분한 과업에서조차 별다른 진척이 없다면 말로는 해보겠다고 했지만 실제로는 어떻게 시작하는지 모르는 상태일 수 있다.

10대는 실제로 잘 해낼 확신이 없는 경우에도 할 수 있다고 생각하거나 그렇게 말하는 경향이 있다는 것을 기억하자. 이럴 때는 참고할 만한 정보를 제공하거나 작은 도움을 주는 것으로 자녀의 시작을 도울 수 있다. 그러면 자녀는 부모에게 도움을 요청하기가 한결 편해진다.

또한 10대가 성공할 수 있도록 돕기 위해서는 자녀가 도움을 충분히 받았는지를 가늠할 수 있는 실제적인 기준을 정해야 한다. 자녀는 부모의 도움을 받아들일 자세가 되어 있는데 부모가 너무 성급하게 한 발 물러선다면 아이는 과업을 완수하지 못하게 되고 자신감도 줄어든다.

마이클과 캐런은 아들 스펜스가 학업 목표를 이룰 수 있도록 계속 도와줘야 한다고 생각한다. 부부는 아이가 1학년이었을 때부터 꾸준히 도왔다. 하지만 선생님들은 학부모에게 일일이 연락하는 것을 점차 부담스러워했고, 스펜스도 부모의 잔소리를 들을 때마다 숨이 막힌다고 불평했다. 마이클과 캐런은 자신들이 개입을 줄이는 것이 모두에게 도움이 될 것이라는 사실을 깨달았다. 이제 스펜스는 부모와 선생님 사이에 연락망 역할을 하고 있고, 학교에서도 아이가 중요한 과제를 놓치거나 성적이 B 이하로 떨어질 때만 연락해온다.

9. 자녀가 시행착오를 겪을 때는 섣불리 돕지 않는다

부모가 과업을 몇 과정으로 나눠주고, 실행능력을 가르치고, 성공할 수 있도록 도왔는데도 자녀는 부모가 요구하는 능력을 키우는 일에 실패할 수 있다. 실패 원인은 대부분 지금 설명하는 원칙이나 다음에 나올 원칙을 제대로 적용하지 못했기 때문이다. 부모들은 과정을 일러주고 그것이 잘 이뤄지는지 살펴본 후에 아이가 혼자서도 그 일을 지속적으로 잘 해내길 기대하며 물러서곤 한다. 이때부터 자녀는 실패를 겪기 시작한다. 그러면 당신은 아이 곁에 더 오래 있어줘야겠다고 생각을 고쳐먹는다. 하지만 10대는 여전히 부모 없이 스스로 해보길 바란다. 이런 경우 부모는 관찰자 역할을 하며 최소한의 도움을 주는 것이 좋다. 일이 진전되지 않거나 자녀가 도움을 요청할 때만 도와주면 된다.

도움과 독립 사이에서 부모와 자녀가 타협점을 찾는 것은 쉽지 않다. 자녀는 실제로 도움이 필요한 경우에도 부모를 밀어내거나 도움을 거절하기도 한다. 이렇게 맞서는 자녀에게는 너무 민감하게 반응하지 말고 그냥 물러서는 편이 낫다. "거봐라, 내가 뭐랬니?" 식으로 말하고 싶겠지만 그랬다간 자녀와의 관계를 망치기 쉽다. 그러면 자녀는 화를 내거나 의욕을 잃어 앞으로 부모의 말을 귀담아 듣지 않게 된다. 10대는 아직 자율성이나 주도력을 갖추지 못한 상태다. 부모의 역할은 자녀의 취약성을 지적하는 것이 아니라 자녀가 그 취약성 때문에 곤란을 겪을 때 적절히 도와주는 것임을 잊지 말자.

앨리는 아침에 알람소리를 듣고 스스로 일어나고 싶다. 하지만 앨리의 엄마는 앨리가 1학년 때부터 시간을 잘 지키지 못했기 때문에 매번 아이 방에 들어가 잘 일어났는지 확인한다. 앨리와 엄마는 6시 45분까지 앨리가 아래층으로 내려오지 않을 때만 엄마가 방으로 확인하러 가기로 합의했다. 한 학기 동안 앨리가 늑장을 부려서 엄마가 확인하게 된 경우는 네 번밖에 없었으며, 앨리는 대부분 제시간에 일어나 준비하는 모습을 보여줬다. 이후에는 7시 10분까지 앨리가 일어나지 않은 경우에만 엄마가 확인하기로 다시 의견을 조율했다.

10. 도움이나 보상은 점차 줄이다가 없앤다

도움, 감독, 보상은 갑자기 그만두지 말고 점차적으로 없애자. 자녀가 어떤 일이나 과제를 해결하는 방법을 익힐 수 있게 도와주다 보면 어느 순간 손을 떼버리고 싶다는 유혹이 들 것이다. 하지만 이때 도움의 손길을 한꺼번에 거둬들이면 안 된다. 서서히 진행해야만 자녀가 독립적으로 해낼 수 있는 힘을 습득한다.

자전거 타는 법을 가르칠 때를 예로 들어보자. 처음에는 자전거가 쓰러지지 않도록 잡아주다가 아이가 뒤뚱거리지 않고 탈 수 있는지 시험해보려고 1~2초간 손을 떼기도 한다. 그렇게 했는데도 아이가 넘어지지 않으면 손을 떼는 시간을 서서히 늘려간다. 뒤를 잡아주다가 갑자기 손을 완전히 떼버리는 경우는 없다. 아이가 혼자서 잘 타게 되더라도 계속 지켜봐야 하며 아이가 넘어질 경우에는 언제든지 달려가 도와줄 수 있어야 한다. 넘어진 아이가 다시 자전거에 오르도록 돕고 계속 타보라고 격려하자. 넘어진다고 큰일이 나는 것이 아니라고 말해주고, 넘어지는 것도 배우는 과정의 일부라고 가르쳐준다.

아시마는 숙제를 마치기 전까지 컴퓨터와 휴대전화를 사용하지 않고 부엌에 놓아두기로 부모와 합의했다. 아시마가 잘 지켜나가자 부모는 감격했고, 숙제를 하는 동안 전자기기 사용을 금지했던 것을 풀어줬다. 2주도 채 되지 않아서 아시마는 다시 숙제를 제대로 하지 않고 전자기기에 정신이 팔리는 듯했다. 아시마와 부모는 그 일에 대해 이야기했고, 부모가 전자기기를 사용하지 말라고 일러주거나 간간히 감독하기로 결정했다. 아시마는 전자기기가 방해가 되는 것을 알고 스스로 피하려고 했다. 아시마가 약속을 잘 지키자 부모는 다시 숙제하는 동안 전자기기를 사용하는 것을 허락했다. 대신 학교 웹사이트를 통해 일주일에 한두 번씩 아시마가 숙제를 제대로 제출했는지 확인하기로 정했다.

10대 자녀의 문제에 어떻게 접근할지 결정할 때나 자녀의 전반적인 실행능력을 다져주고 싶을 때 위에서 살펴본 로드맵을 따라가 보자. 3장에 나오는 전략들을 활용하다가 막힐 때는 언제든지 10가지 로드맵을 다시 살펴보길 바란다. 우리는 복잡한 일을 해야 하는 순간에 기본 원칙을 고수하는 것이 얼마나 중요한지 잊곤 하니 말이다.

5

10대를 움직이는 최고의 동기 부여

아이들은 5~6살 무렵부터, 아니면 더 어릴 때부터 다음과 같은 말을 한다.

싫어!
내가 할 거야!
이래라저래라 하지 마!

이런 말들은 부모의 생각과 다른 의사결정을 하려 할 때 나온다. 자녀의 이런 행동은 자기관리에 대한 욕구가 이제 막 싹트기 시작했다는 뜻이다. 부모는 아이의 행동에 화가 나면서도 한편으로는 자기 인생에 대한 주도권을 가지려 드는 모습이 기특할 것이다. 자녀가 이런 말들을 한다는 것은 자율성을 향한 욕구가 얼마나 강력한지 보여주는 증거인 동시에 자율성이 발달하고 있다는 신호다.

그러나 10대가 "내가 할 거야!"라고 말하는 의미는 완전히 다르다. 이때 부모는 두 가지 사실을 알아야 한다. 첫째는 앞으로 청소년기 몇 년 동안은 진짜로 그렇게 된다는 것, 둘째는 부모가 자녀에게 기울이는 관심이나 영향력이 자녀의 발달 초기에 쏟았던 것보다 훨씬 줄어든다는 것이다.

부모는 자녀가 더 어렸을 때에 자율성과 자기관리가 얼마나 중요한지 어느 정도는 깨달았다. 그때의 부모 역할은 자녀가 청소년이 된 지금과 달랐다. 당신은 아이가 어떤 활동을 할지, 어떤 친구와 시간을 보낼지, 아이에게 기대하는 행동은 무엇인지, 아이가 따라야 하는 안전규칙은 무엇인지 결정하는 순간마다 안내자 역할을 하면서 아이의 의사결정에 적극적으로 관여했다. 그렇게 이 역할에 익숙해졌고 아이에게 가장 좋다고 믿는 쪽으로 결정해왔다. 하지만 아이의 사춘기가 시작되면서 부모는 의사결정권자로서의 역할 가운데 많은 부분을 자녀에게 내어준다. 역할을 넘겨준다는 것은 참으로 어려운 일이다. 부모는 더 이상 아이가 신뢰하는 조언자도, 지혜의 원천도, 최종 권한을 가진 사람도 아니다. 자녀가 성장해갈수록 부모의 영향력은 하루하루 줄어들고 있음을 깨닫는다.

하지만 이것이 더 이상 부모의 역할이 없다는 뜻은 아니니까 가슴 철렁하며 속상해할 필요가 없다. 자녀는 이 문제에 대해 꽤 단순하게 말할 것이다. "내 문제는 내가 결정할게요. 나를 믿어주세요. 다 괜찮을 거예요.” 물론 부모들 또한 부모로서의 역할이나 책임을 포기할 생각은 없을 것이다.

자, 그럼 이제 어떻게 해야 할까? 쉽진 않겠지만 균형 잡기가 필요하다. 아이러니하게도 자녀는 더 많은 책임을 원하고 부모의 영향력은 작아지는 이때가 부모의 개입이 가장 필요할 때다. 이때 부모의 역할은 자녀가 더 많은 의사결정을 하고 자율성을 찾아갈 수 있도록 자녀와 함께 효과적으로 그 방법을 모색하는 것이다.

그리고 이 사실을 명심하면 안심이 될 것이다. 대부분의 10대는 부모가 자신을 그냥 방치하지 않을 것이라는 사실을 잘 알고 있다. 부모의 안전망이 늘 준비되어 있다는 사실을 아이도 알고 있다.

부모는 자녀가 건전한 결정을 할 수 있는 독립적인 성인이 되기를 원한다. 겉으로는 부모나 10대 자녀나 같은 결과를 원하는 것처럼 보인다. 하지만 무엇이 가장 좋은 결과인지, 어떤 식으로 해야 가장 잘 이뤄질지에 대한 생각은 서로 다르다. 무엇이 ‘받아들일 만한지’, ‘좋은지’ 또는 ‘충분히 좋은지’에 대해 부모와 10대 자녀가 얼마나 다르게 생각하는지 알아보자. 아마도 부모가 자녀를 위해 세운 목표와 아이 스스로 세운 목표가 늘 일치하는 것은 아니라는 사실을 깨닫게 될 것이다. 자녀가 더 이상 부모의 도움을 감사해하지 않는다는 것, 심지어는 도움을 원하지 않는다는 것을 알게 되기도 한다.

10대 자녀가 부모의 도움을 받아들이지 않으면 실행능력을 발전시키기 어려워진다. 다행히 자녀가 받아들이게 할 수 있는 방법에는 여러 가지가 있다. 앞으로는 부모의 도움을 내키지 않아 하는 자녀에게 적용할 수 있는 동기 강화 방법, 실행능력 연습 전략과 기술에 대해 다룰 것이다.

순조로운 시작을 위한 올바른 접근법

10대 자녀의 실행능력이 부족하다고 생각해보자. 여기 여러 일화가 있다. 벤은 정리를 못한다. 당신이 벤의 엄마라면 벤의 방을 '쓰레기장'이라고 할 것이다. 벤이 학교에서 돌아오는 시간은 정말 피하고 싶은 순간이다. 이때 숙제가 무엇인지 물어보지 않으면 늦은 밤이 되어서야 숙제를 해놓지 않은 것을 깨닫고 허둥지둥 친구들에게 물어보기 때문이다. 하지만 벤은 집에 들어올 때 잔소리 듣는 것을 싫어한다. 게다가 벤은 체육복을 자주 잃어버리거나 엉뚱한 곳에 두는 바람에 매일 아침 찾느라고 학교에 늦기를 밥 먹듯 한다. 트레이시는 시간관리가 안 된다. 방과 후 활동에 늦을 뿐 아니라 학교에도 지각하고, 숙제 기한을 넘기기 일쑤며, 심지어 본인 생일잔치에도 늦는다. 제이슨은 융통성이 없다. 제이슨은 자기 예상대로 되지 않거나 자신이 정한 주제를 벗어난 대화를 하면 화내거나 폭발해버린다. 가족들은 제이슨을 놀라게 하지 않기 위해 할 수 있는 모든 노력을 다한다. 이런 10대 자녀들과 문제를 논의하려면 아래의 네 가지 지침을 기억하자.

1. 협상하고 타협할 준비를 한다. 자녀와 협상하고 타협할 의지가 있다는 것은 10대의 자율성을 존중한다는 인상을 주므로 자녀는 부모로부터 일방적으로 지시받는 것보다 훨씬 효과적으로 실행능력을 발전시킬 수 있다.

2. 부모는 자녀가 이로운 것을 이루게끔 돕고자 할 뿐이라는 것을 알려준다. 자녀 스스로 성취하도록 돕기 위해 부모가 나선다는 것을 알면 부모의 도움을 훨씬 잘 받아들인다.

3. 자녀의 독립심을 강화시키는 데 도움이 되는 변화가 무엇인지 고민해본다. 10대는 부모의 통제권을 강화하는 변화보다 자신의 독립성에 도움을 주는 변화를 가치 있게 여긴다.

4. 왜 이 문제가 해결되어야 하는지를 명확히 인지한다. 10대는 누가 뭐래도 본인이 중요하다고 여겨야만 변화를 받아들인다. 부모의 논리가 흔들리면 아이가 협조하도록 설득하는 것은 어렵다.

벤의 엄마는 잔소리를 듣기 싫어하는 벤에게 이렇게 접근했다.

"벤, 네가 학교에서 돌아오자마자 네 숙제가 무엇인지, 숙제를 어디에 써뒀는지 묻는 거 싫지? 나도 싫단다. 네가 꾸준히 숙제를 잘 적어올 수 있는 방법을 함께 찾아보는 게 어떨까? 그러면 네가 집에 돌아올 때 나도 네 하루가 어땠는지, 재미있는 일이 있었는지 물어볼 수 있을 거야."

트레이시의 아버지는 토요일 아침식사 시간에 트레이시의 시간관리 문제를 해결할 타협안을 내놓았다.

"트레이시, 우리는 시간관리 스타일이 정말 다른가 보구나. 너한테 나처럼 모든 일을 30분 일찍 준비하길 기대하는 건 무리인 것 같아. 하지만 제시간에 도착할 계획을 세우지 않으면 항상 서둘러야 하고 분주하게 뛰어다녀야 하잖아. 너도 늦어서 얻는 게 없다는 걸 알잖니. '일찍'과 '늦는' 것 사이에서 절충안을 찾아보면 어떨까?"

제이슨의 부모는 아들에게 과거 경험을 떠올리게 하여 설득할 수 있었다. 제이슨은 친구들이 약속을 변경하려고 했을 때 과민반응을 보이는 바람에 두세 명의 친한 친구를 잃었다. 심지어 제이슨을 매우 잘 따르던 여동생도 제이슨을 피하기 시작했다. 빌려 쓴 물건을 제때 제자리에 갖다 놓지 않은 것에 대해 오빠가 너무 예민하게 반응했기 때문이다. 제이슨은 자신의 태도 때문에 다른 사람들이 상처받았다는 것을 인정하고 좀 더 융통성을 기르기로 했다.

물론 부모와 10대 자녀의 대화는 이것보다 훨씬 복잡하다. 그리고 함께 노력하기로 했다고 해서 바로 변화가 생겨나지는 않는다. 하지만 예시에 나온 부모들이 그랬듯이 이 네 가지 지침을 기억하여 문제상황에 접근한다면 자녀와 함께 노력할 수 있는 장이 마련될 것이다.

하지 말아야 할 표현들

자녀의 문제해결 의지를 해치는 표현들도 있다.

1. 칭찬 후 반전의 말을 덧붙인다. 부모가 처음에는 "방 정리를 정말 잘했더라." 같은 말을 하다가 금세 "조금만 노력하면 할 수 있을 거랬잖아." 같은 말을 내뱉는 것을 말한다.

2. 10대 자녀가 제시한 문제해결 방법이 적합하지 않은 이유를 지적하면서 부모의 방법이 더 나은 이유를 댄다. 연륜이 있는 부모의 의견이 맞을 수도 있다. 하지만 아이가 부모의 해결책을 기쁘게 받아들이지 않는다면 아이의 의사결정 능력 발달에 도움이 되지 않는다. 그뿐 아니라 자녀의 접근 방식이 어딘가 잘못되었다고 지적하는 순간 아이는 귀를 닫아버린다.

3. 친구들이나 형제자매와 비교한다. "네 동생은 너보다 두 살이나 어린데도 물건을 잘 정리하는데 너는 왜 그 모양이니?"라고 말하면 문제가 해결될 가능성은 낮아지고 형제간에 싸움이 날 가능성만 높아진다.

4. 화를 내면서, 또는 비판적으로 문제에 접근한다. "한 번만 더 말하면 백 번이다. 다음 날 학교 갈 준비는 자기 전에 해두라고 몇 번을 말하

니. 이제 말하는 것도 지겨우니까 제발 좀 알아서 해라!”

이런 표현을 안 한다고 해서 자녀의 문제해결 의지를 북돋을 수 있는 것은 아니다. 하지만 자녀에게 한 걸음 가까이 다가갈 수는 있다. 위의 표현들을 읽으면서 그동안 해왔던 말들이 떠올라 민망했을지도 모른다. 하지만 세상 모든 부모가 그렇다. 그저 경험에서 우러나오는 조언을 해주고 싶은 좋은 의도에서 비롯된 실수일 뿐이다. 그렇지만 계속해서 이런 표현들을 내뱉으면 자녀가 정말 마음을 닫아버릴지도 모른다.

10대 자녀의 반응 유형에 따라 동기 부여하기

10대 자녀와 문제해결 과정을 시작할 준비가 되었다면 다음 질문에 ‘그렇다’고 대답할 수 있어야 한다.

1. 자녀의 취약한 실행능력이 일상에서 어떤 식으로 나타나는지, 또 그것이 자녀의 미래에 어떤 악영향을 미치는지 등을 정확하게 파악했는가? 과제착수에 문제가 있는 자녀를 예로 들어보자. 아이는 매번 숙제를 늦게 제출할 것이다. 이로 인해 단기적으로는 낮은 성적을 받게 될 것이고, 장기적으로는 대학 진학에 어려움을 겪을 것이다.

2. 부모가 왜 이 문제에 대해서 걱정하는지, 이것이 자녀의 현재와 미래의 삶에 어떤 부정적인 영향을 미칠지에 대해 이야기했는가? 필자의 아들이 최근에 말하기를 "아빠와 엄마가 했던 이야기 가운데 가장 설득력 있었던 주장은 선택에 관한 것이었어요. 아빠가 말했죠. '콜린, 우리는 네가 행복했으면 해. 그리고 네가 원하는 무엇이든 선택할 수 있기를 바란다. 네가 의사나 변호사가 되고 싶다면, 좋아. 네가 연예인이나 프로야구 선수가 되고 싶다면, 그것도 좋아. 네가 영업사원이 되고 싶다거나 건설노동자가 되고 싶다고 해도 우리는 좋아. 하지만 어느 날 대뜸 스스로 포기해버린 바람에 더 이상 시도할 수 없게 된 일을 하고 싶다고 하지는 않았으면 한다.'라고요." 이런 말을 할 때 부모는 자녀에게 믿으라고 강요해선 안 된다. 그리고 자녀가 어려움을 겪을 때 "내가 그럴 거라고 했지." 식의 말을 삼간다. 단순하게 부모로서 자녀에게 도움이 되고 싶다는 뜻만 전달할 수 있으면 된다.

3. 이 문제 때문에 걱정하는 이유를 자녀에게 설명했을 때 자녀가 마지못해서라도 그것이 문제라고 인정했는가? 이 질문에 대한 답은 간단하지 않다. 당신이 문제를 어떻게 정의했는지 그리고 걱정하는 부분을 어떻게 표현했는지도 중요하지만 자녀의 반응도 못지않게 중요하기 때문이다. 앞서 다뤘던 10대 자녀들의 반응 유형 다섯 가지를 떠올려보자. 자녀의 반응 유형에 따라 자녀가 자신의 문제를 인식하는지 여부가 달라질 수 있다. 따라서 자녀가 자신의 취약한 실행능력이나 그 취약성

이 드러나는 특정 행동을 인식하고 있는지에 따라 동기를 부여하는 방법을 결정해야 한다.

실행능력과 동기 부여에 대해 더 구체적으로 살펴보기 위해 학업성적을 예로 들어보자. 유형에 따라 자녀가 학업성적 문제에 어떻게 반응하는지 살펴보자.

1유형 제게 문제가 있고 그게 성적에 영향을 미친다는 건 알아요. 하지만 잘 관리가 안 돼요. 대신 좀 해결해주실래요?

2유형 나한테 문제가 있고 그게 성적에 영향을 미쳐요. 전 기꺼이 그 문제를 고칠 생각이고 (내가 선택한) 다른 사람의 도움도 기꺼이 받겠어요.

3유형 제게 문제가 있고 그게 성적에 영향을 미친다는 건 인정해요. 근데 제가 그 문제를 잘 해결하면 보상으로 뭘 받을 수 있나요?

4유형 나한테 문제가 있고 그게 성적에 영향을 미치는 것 같긴 해요. 하지만 내가 알아서 할게요.

5유형 저한텐 문제가 없어요. 만약 문제가 있다 해도 걱정 마세요. 제가 다 알아서 할게요.

부모의 입장에서는 2, 3, 4번 유형이 가장 다루기도 쉽고 동기를 부여하기도 쉽다. 1, 5번은 좀 더 어려운 유형이다.

책임형 : 방향키를 맡겨라

우선 접근하기 쉬운 유형부터 시작해보자. 2유형인 10대는 문제해결에 대한 의지를 어느 정도 가지고 있다. 이제 부모는 자녀와 대화를 통해 어떤 식으로 문제에 접근하고 해결할지 결정하면 된다. 주의해야 할 점은 부모가 아니라 자녀가 방향을 정하게 해야 한다는 것이다. 이런 유형의 자녀를 엇나가게 하는 것이 딱 하나 있다. 부모가 자녀의 결정에 대해서 비판하거나 뭔가를 지시하려고 드는 것이다.

동기를 부여하는 역할은 엄마와 아빠 가운데 자녀와 소통이 더 잘 되는 쪽이 담당하는 것이 좋다. 부모와 갈등의 소지가 있다면 선생님이나 상담사, 코치와 같은 외부인의 도움을 받아도 좋다. 다른 사람의 도움을 받으면 부모는 자녀와 직접적으로 충돌하지 않아도 된다. 자녀 입장에서도 보다 독립적으로 문제를 해결하고 있다고 느끼게 된다. 자녀와 지속적으로 갈등을 빚고 있는 부모에게 이 방법을 추천한다.

협상형 : 보상을 약속하라

3유형인 10대는 문제가 있다는 사실은 인정하지만 부모만큼 절박하게 문제해결 의지를 보이지는 않는다.

이런 유형의 자녀에게 동기를 부여할 때는 부모가 원하는 행동을 하는 대가로 자녀가 원하는 것을 주는 것이 좋다. 부모와 자녀가 일정한 성과 기준에 대해 합의를 하는데 그 합의안을 지켰을 때 따라오는 보상이 있어야 한다. 부모가 사용할 수 있는 보상에는 많은 것들이 있다. 휴대전화, 스노보드, 게임기 등을 사줄 수도 있고, 가격에 따라 구입비의 일부를 보태줄 수도 있다. 어떤 집에서는 현금이 오가기도 한다. 돈을 주는 것이 그다지 좋은 방법이라고는 생각하지 않지만 이 방법이 통하는 경우도 있다.

자녀에게 습관을 들이려는 것이 보상의 목적이며, 그런 습관이 궁극적으로 자녀에게 이익이 된다는 것을 기억해야 한다.

자율추구형 : 독립 의지를 존중하라

4유형의 10대는 자기 문제를 스스로 해결할 수 있다는 것을 보여주고 싶어 한다. 하지만 실행능력이 취약하기 때문에 계획을 세우고 그에 따르기가 힘든 것이 현실이다. 이런 유형의 자녀를 둔 부모라면 자녀의 독립 의지를 존중하면서도 아이를 도와주고 싶어 할 것이다.

이럴 때는 부모와 자녀가 기한이나 성과 기준에 대해 합의하고, 합의한 목표를 제때 이루지 못했을 때는 어떻게 할 것인지에 대해서도 서로 의견을 맞춰야 한다. 자녀가 계획대로 지키지 못했을 때 어떻게 할지 미리 구체적으로 협의하는 것은 매우 중요하다. 왜냐하면 부모와 자녀 모두 다음에 일어날 일을 염두에 두고 있어야만 처음 계획한 대로 되지 않았을 때 생길 마찰을 줄일 수 있기 때문이다.

의존형 : 홀로서기를 도와라

이제 조금 어려운 유형을 다뤄보자. 1유형인 자녀는 우리가 보기엔 별일 아닌 문제에 완전히 압도되어 부모에게 도움을 청한다. 부모는 자녀가 도움을 청해올 때 흐뭇해하기도 한다. 부모가 성급하게 나서거나 문제해결 전략을 세워주거나 학교 선생님을 찾아가는 식의 도움이 오히려 자녀의 실행능력 발달에 방해가 된다는 것을 처음엔 모를 수 있다.

이 유형의 10대 자녀에게 동기를 부여하려면 부모의 도움을 줄여야 한다. 초기부터 어떻게 하면 덜 관여할 수 있는지, 어떻게 하면 자녀에게 책임을 넘길 수 있는지를 고민해야 한다. 부모는 지시를 줄이고 자녀가 스스로 문제해결 방법을 찾게끔 둬야 한다. 자신감이 없는 자녀와 그 부모에게는 오랜 시간이 걸릴 것이며, 자녀는 실패를 맛보고 다시 당신의 도움을 청할 수도 있다. 하지만 이 또한 과정의 일부일 뿐이다. 부모는 1유형의 자녀에게 알맞은 동기 부여 방식을 유지해야 한다.

회피형 : '할머니의 법칙'을 적용하라

5유형인 10대는 부모가 있지도 않은 일을 문제 삼거나 너무 과민하게 반응한다고 생각한다. 부모가 조금 진정하고 나면 다 해결될 문제라 보는 것이다. 이 유형의 10대는 이런 식으로 문제를 부정하거나 제쳐두려 한다. 문제가 심각하다고 인식은 하지만 문제해결은 피하려 할 수도 있고, 아니면 지금 당장은 별 문제가 아니며 진짜 문제가 되기 전에 해결할 수 있다고 생각할 수도 있다.

이런 경우라면 부모가 더 적극적인 역할을 할 필요가 있다. 더 적극적인 역할을 한다는 건 자녀에게 문제를 털어놓으라고 종용하는 것이 아니다. 그렇게 해봤자 자녀에게 엄청난 변화가 생기지도 않는다. 오히려 이런 유형의 자녀에게는 자녀가 원하는 보상을 해주는 식으로 접근할 때 동기가 부여되고 자녀도 이를 받아들인다.

5유형의 자녀 가운데는 자기주장을 강하게 내세워 부모가 개입하지 못하게 막는 아이들도 있다. 자신의 인생은 스스로 관리해야 하며, 무엇이 문제이고 문제가 아닌지를 스스로 판단할 수 있다고 생각하는 것이다.

이 유형의 10대들은 부모와 자주 충돌하고 부모가 원하는 행동을 할 때마다 보상을 기대한다. 이들의 동기를 유발하는 가장 강력한 방법은 스스로 하게 만드는 것이다. 이런 경우 '프리맥 원리Premack principle' 또는 '할머니의 법칙Grandma's law'을 써보자.

할머니의 법칙에 숨어 있는 원리는 아이가 좋아하는 아이스크림 앞에 싫어하는 채소를 제시해, 좋아하는 것을 위해 싫어하는 것을 하도록 유인하는 것이다. 즉, 5유형의 자녀에게는 항상 "우선 ~를 하면 ~하게 해줄게."라고 말하는 것이 좋다. 예를 들어 "숙제를 먼저 마치면 친구와 나가서 놀 수 있어.", "수학에서 높은 점수를 받으면 게임을 하게 해줄게." 같은 것들이 있다.

할머니의 법칙을 제대로 활용하려면 우선 성취에 대한 기대치와 보상을 합리적으로 설정해야 한다. 또한 비교적 단기간에 보상을 얻을 수 있어야 하고 정기적으로 다시 얻을 수 있어야 한다. 그리고 부모는 감정을 배제하고 이 체계를 관리할 수 있어야 한다.

5유형의 10대는 이런 시스템을 좋아할 리도 없고 공평하다고 생각하지도 않겠지만 부모가 일관성 있게 적용하기만 하면 매우 효과적인 시스템이다. 이 시스템을 사용하고자 할 때는 절대 부정적으로 접근해서는 안 된다.

예를 들어 "숙제를 빨리 마치면 친구와 나가서 놀 수 있어."라는 말은 "숙제를 못 끝내면 친구와 나가서 놀 수 없어."라는 말과 매우 다르다. 후자는 10대 자녀에게 반감을 심어준다. 그러면 아이가 부모의 지시를 따를 가능성이 줄어든다.

동기 부여를 위한 인센티브

우리가 무엇인가를 원할 때 그 목표가 현실적이고, 그것을 성취할 만한 능력이나 자원이 있다고 판단되면 목표 자체가 동기로 작용한다. 10대 자녀가 원하는 활동이나 참여하고 싶은 행사, 갖고 싶은 물건에 대해 이야기한다면 이를 놓치지 말고 잘 활용해야 한다. 부모에게 인센티브를 알려주는 것이나 다름없기 때문이다.

여기에서는 자녀가 원하는 목표를 배움의 동기로 삼게 만드는 방법에 대해 생각해보자. 아래는 인센티브로 작용할 수 있는 네 가지 유형의 목표다.

1. 이 유형은 부모가 인센티브로 활용하기에 가장 좋은 유형으로, 장기적이면서도 부모와 함께할 수 있는 목표다. 자녀가 어떤 직업 또는 경

력을 위해 대학 진학을 원하는 것이 그 예다. 목표가 현실적이고 이를 달성할 만한 능력이 자녀에게 있는 한 이런 유형의 목표는 장기적인 계획을 낳고 하위 목표를 달성하도록 동기를 부여한다. 이런 장기적인 목표가 인센티브로서 잘 작동하는지 알아보려면 단기적인 성과가 장기적인 목표를 달성하는 데 필요한 것인지를 살펴보면 된다.

2. 자녀의 자립성에 도움이 되고, 중기적(몇 달 정도)이며, 자녀 스스로 계획을 세우게 만들 수 있는 목표 또한 인센티브로 작용할 수 있다. 자격증을 따거나 아르바이트 자리를 구하는 것 등이 그 예가 되겠다. 이들 모두 실행능력을 요구하며 최종 목표를 이루도록 동기를 부여한다. 또한 자녀가 원하는 자격증 또는 아르바이트를 인센티브로 활용하여 부모가 바라는 목표인 학업성적 향상을 이룰 수도 있다. 부모의 요구가 현실적이라면 자녀는 기꺼이 거래에 응할 것이다.

3. 인센티브로 작용할 수 있는 세 번째 목표는 좀 더 개인적인 것이다. 몇 가지만 예를 들어보면 자녀가 스마트폰이나 컴퓨터, 스노보드 또는 여행 경비를 원하는 경우가 되겠다. 자녀가 원하는 물건이나 활동이 무엇인가에 따라 단기 목표가 되거나 장기 목표가 될 수도 있다.

이런 인센티브를 학업성적, 집안일, 가정에서의 의무 등의 목표와 연결하려면 자녀의 지속적인 요구가 있어야 가능하다. 다행히 사춘기 자녀가 원하는 것은 끝이 없기 때문에 그 비용을 모으게 하는 방식으로 동기를 부여하는 것은 어렵지 않다. 돈과 특정 활동을 연결 짓는 것은 매우 중요하다. 이를 통해 자녀가 계획을 세우게 될 뿐 아니라 자녀와 부모 모두에게 이것이 특별한 기대치로 작용하기 때문이다.

이런 유형의 인센티브는 부모가 자녀에게 바라는 목표가 있으나 자녀는 별 관심이 없을 때 협상안으로 사용하면 좋다.

4. 자녀의 목표 가운데는 부모가 받아들일 수 없는 것도 있다. 내 딸이 고등학교 2학년 때 주말 동안 친구 네 명과 함께 몬트리올에 다녀오겠다고 했다. 그때 나이가 17살이었고, 몬트리올은 480킬로미터 밖인 데다 아는 사람은 아무도 없었다. 도착해서 묵을 장소를 찾아보겠다고 했는데, 가진 돈은 한 사람당 150달러 정도였다.

이런 경우 우선 자녀의 말을 들어보고 그 계획이 재고의 가치가 있는지 생각해보자. 그리고 어떤 조건이라면 그 계획을 고려해볼지 정하자. 안 된다고만 하면 자녀는 화를 낸다. 부모가 안 된다고 이야기해야 할 때도 있다. 그럴 때는 안 되는 이유를 최대한 침착하게, 자녀를 걱정하는 마음이 드러나도록 잘 이야기해야 한다. 잘 받아들이지 않는 것 같더라도 대화의 가능성을 열어두는 것이 좋다. 자녀가 언제라도 계획을 더 짜서 다시 이야기할 수 있다는 것을 잊지 말자. 계획 가운데 조건부로라도 받아들일 만한 부분이 있다면 협상의 여지가 있다. 이를 통해 자녀는 부모가 용납할 수 있을 만큼의 위험을 감수하면서 독립을 경험할 수 있고, 부모는 자녀에게 바라는 바를 조건으로 내세워 협상의 도구로 사용할 수 있다.

효과적인 인센티브의 조건

자녀에게 동기를 부여하는 방법을 찾을 때 다음 원칙들을 기억하면 성공의 가능성이 높아진다.

1. 자녀가 소중하게 여기는 활동이나 물건을 포함시켜야 좋은 인센티브라고 할 수 있다. 자녀가 무엇을 원하는지 들어보자. 이야기를 들어주는 것만으로도 자녀의 결정과 판단을 존중하는 부모, 자녀가 더 노력할 수 있도록 격려하는 부모가 될 수 있다.

2. 부모가 요구하는 것과 그에 따른 보상이 합리적인지 확인해봐야 한다. 즉, 거래가 공정한지 생각해봐야 한다. 부모가 적게 주고 많이 얻으려 들면 그 거래는 실패한다. 반대로 자녀가 작은 일을 해놓고 너무 큰 요구를 하면 부모는 기대에 차지 않아서 이용당한 느낌을 받을 수 있다.

3. 장기적인 목표(대학 진학 등)를 이루려면 먼저 단기적인 목표를 세우고 그에 맞는 인센티브를 정해야 한다. 실행능력이 취약한 자녀는 너무 멀리 있는 목표에 꾸준히 집중하기 어렵기 때문이다.

4. 인센티브 체계의 성패는 자녀가 보상을 얼마나 자주 얻어 가느냐에 달려 있다. 보상을 획득하는 비율이 50%에 미치지 않는다면 인센티

브가 그만큼 힘이 없거나 부모의 요구가 너무 큰 것이다. 이에 대해서는 아래에서 부연 설명하겠다.

5. 자녀보다 부모가 목표를 위해 더 노력하고 있다면, 한발 뒤로 물러서서 이것이 진정 누구에게 중요한 것인지 질문해볼 필요가 있다. 부모는 자신이 자녀를 위해 세운 목표가 자녀에게 최선의 결과를 가져다줄 거라 믿겠지만 자녀의 생각은 다를 수 있다. 그럴 때는 자녀가 더 열심히 할 수 있도록 더 강력한 인센티브를 줄 필요가 있고, 부모의 목표도 어느 정도 수정해야 한다.

6. 요즘 부모들은 자녀가 원하는 물건이나 활동을 '공짜로' 제공한다. 그러나 부모는 자녀와 협상할 필요가 있다. 부모가 바라는 것과 자녀가 원하는 것을 놓고 협상하는 일은 매우 바람직한 일이다. 가치 있는 것을 얻으려면 대가를 치러야 한다는 교훈을 주기 때문이다.

과업과 인센티브의 바람직한 관계

다른 일보다 더 많은 노력을 들여야 해낼 수 있는 일이 있다. 가정에서 미뤄두는 집안일들을 생각해보자. 그 집안일을 할 능력이 없어서가 아니라 다른 일보다 더 힘을 들여야 하기 때문에 미루게 된다.

10대 자녀들도 마찬가지다. 보다 많이 노력해야 하는 일이 있다. 이는 실행능력이 부족하기 때문이 아니다. 과업을 이루는 데 필요한 능력과 그 일을 완수했을 때 얻게 되는 보상이 있는데도 머뭇거리거나 회피할 때가 있다. 이는 과업을 이루고자 하는 동기가 부족하기 때문이다.

다음의 그림은 과업과 인센티브의 관계를 표현한 것이다.

수정이 필요한 과업과 인센티브의 관계

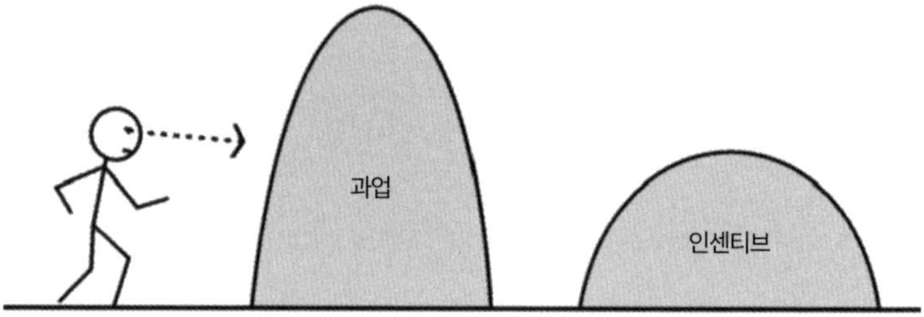

이런 경우라면 과업과 인센티브의 관계를 수정할 필요가 있다. 과업과 인센티브의 새로운 관계는 다음 그림에 나와 있다.

과업 줄이기

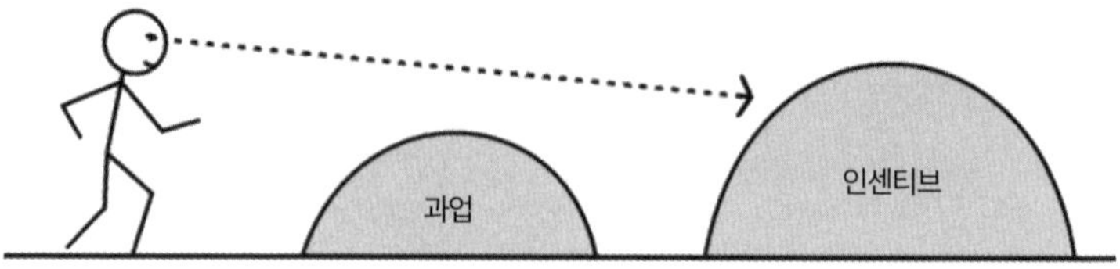

6

10대 자녀와 제대로 소통하는 법

부모는 아기가 태어나 자라는 과정에서 아이의 전두엽 역할을 대신한다. 부모는 복잡하고 위험한 세계에 아이가 잘 적응할 수 있도록 자신의 실행능력과 경험을 빌려준다. 덕분에 아이는 지금까지 안전한 환경에서 주변을 탐색하고 문제를 해결하며 성장해왔다.

부모는 자녀가 더 어렸을 때 크게 세 가지 방법으로 자녀에게 안전망을 제공했다. 첫째는 아이와 소통하는 방법을 바꾸는 것, 둘째는 물리적·사회적 환경을 바꾸는 것, 셋째는 자녀가 수행하기 바라는 일의 성격을 바꾸는 것이다.

1. 자녀와의 의사소통 방법 바꾸기

부모는 자녀가 어떤 상황을 마주하기 전에 미리 규칙을 정해둔다. 어떤 행동이 용납되는 행동인지, 언제 출발할 것인지, 아이에게 출발 시간을 어떻게 알려줄 수 있을지 미리 생각한다. 또한 단서를 주거나 메모를 활용하기도 한다.

자녀와 소통하는 또 다른 방법은 자녀가 특정한 상황에 놓였을 때 지도하는 것이다. 예를 들어 다른 사람이 말하고 있을 때 아이에게 귀를 기울이라고 가르친다. 또한 아이가 친구와 놀다가 싸우고 헤어진 경우 방금 일어난 일을 차근차근 설명해준다.

부모가 자녀와 이런 식으로 소통하면 기대치와 규칙이 생긴다. 이런 기대치나 규칙은 환경을 바꾸는 하나의 방법이 된다.

2. 물리적·사회적 환경 바꾸기

자녀가 아주 어렸을 때, 문이나 계단 앞에 울타리를 놓아준 일이 있을 것이다. 그리고 지금도 컴퓨터나 모바일게임을 못하도록 통제하고 있을 것이다. 방해되거나 자극되는 요소들을 없애기도 하고, 장난감 보관함이나 운동용품 보관함 등과 같은 정리정돈 체계를 만들어주기도 했을 것이다. 아이와 잘 맞을 것 같은 친구를 골라주거나 함께 노는 친구의 부류를 제한하는 등 사회적 환경을 바꾸기도 했을 것이다.

3. 과업의 성격 바꾸기

자녀의 발달상의 한계점을 깨닫게 된 부모는 과업의 성격을 바꾸는 시도를 했을 것이다. 예를 들어 장난감 정리를 '누가 더 빨리 치우나'

같은 게임으로 만들어서 하기 싫은 일도 매력적으로 느낄 수 있게 해준다.

이 책을 읽는 부모들은 위와 같은 방법을 통해 자녀의 발달을 촉진시키려 노력했을 것이다. 그러나 실행능력이 약한 자녀를 둔 부모는 대부분의 부모들보다 훨씬 더 많은 변화들을 만들어줘야 한다.

내 아들이 초등학교에 들어갈 때 아내와 나는 늘 하던 대로 '먼저 ~하면 ~하게 해줄게' 식의 원칙을 바탕으로 아이의 일과를 짰다. 친구들과 놀기 전에 숙제를 하게 하거나 TV 보기 전에 리코더를 연습하게 하는 등 아이가 싫어하거나 힘들어하는 일들을 아이가 좋아하는 일보다 먼저 마치게 했다. 그런데 아이가 사춘기에 접어들면서 해야 할 일이 많아지고 친구들과 접촉할 기회가 많아지자 기존의 방식대로 일과표를 지키게 하는 것이 어려워졌다.

청소년기에 환경을 바꿔주는 일은 어렸을 때만큼이나 중요하다. 환경을 바꿔주는 것은 특히 위험을 관리할 수 있는 방법이 되기도 하므로 성장할수록 더 중요하다고 할 수 있다.

청소년은 성인에 비해 위기관리에 취약한데, 이는 충동을 담당하는 두뇌의 영역이 아직 완전히 발달하지 않았기 때문이다. 그러나 신체적으로는 거의 성인에 가깝고 사회적·문화적·경제적 활동에 참여할 기회가 생긴다. 더욱이 또래집단과 자주 만나고 그들로부터 영향을 받으면서, 친구들이 보는 앞에서는 훨씬 위험한 결정을 내리기도 한다. 또래의 자극이 자녀의 실행능력 사용을 방해하기 때문이다. 특히 반응억제, 감정조절, 지속적 주의력, 상위인지 면에서 방해를 많이 받는다. 이 경우 또래의 영향력을 부모의 도움이나 가르침으로 상쇄시킬 필요가 있다. 청소년기 자녀와 부모의 관계는 아동기 때와는 많이 다르기 때문에 이를 반영할 환경을 변화시키는 구체적인 전략을 소개한다.

10대 자녀와 소통하는 방법

부모가 10대 자녀와 상호작용하는 방법으로 소통만큼 중요한 것은 없다. 부모와 자녀의 관계를 결정짓는 가장 중요한 요소가 바로 부모의 소통 방식이다. 다행스럽게도 부모는 자신의 소통 방식을 얼마든지 조절할 수 있다.

우리 집에는 개가 두 마리 있다. 딸아이는 그중 한 마리를 자기 것이라고 여겼다. 그 개를 살 때 딸이 모아둔 돈을 보탰고, 그 개를 고른 것도 딸이기 때문이다. 하지만 산책을 시키거나 먹이를 주거나 씻기는 등 개와 함께 보낸 시간이나 상호작용한 시간으로 따져보면 그 개는 나와 아내의 것이다. 나와 아내는 개 산책시키기를 좋아하기 때문에 우리 부부가 며칠 연속으로 바쁠 때만 딸이 이틀에 한 번 이 일을 하기로 약속했다. 그런데 딸은 개 산책시키는 일을 자꾸 잊어버렸고 그럴 때마다 나는 짜증이 났다. 딸에게 개를 산책시켜야 하지 않겠냐고 일러줄 때마다 목소리나 말투에 감정이 배어 나왔다. 결국에는 딸이 개를 산책시키게 되지만 언쟁을 하고 나가는 길이니 개에게도 그다지 좋을 게 없었다. 딸과 직접 대립하지 않으면서 개를 산책시키게 할 방법이 있어야 나와 딸, 개가 모두 행복해질 것 같았다. 그래서 생각해낸 가장 좋은 방법이 소통 방식을 바꾸는 것이었다.

"샨, 개가 산책을 못한 지 한참 됐구나. 개와 산책할 친구가 필요한데 네가 산책을 시켜줬으면 좋겠다."

물론 딸이 또 잊어버리면 다시 일러줬다. 딸은 여전히 짜증을 내지만 예전보다 훨씬 나아졌고 나와 개도 전보다 더 행복해졌다.

요점은 간단하다. 상황에 접근하는 방법을 달리해서 자녀에게 다른 행동을 이끌어내면 된다. 기대치, 지시사항, 규칙 등은 10대 자녀의 행동 체계를 만들어준다. 그리고 이를 전달하는 부모의 소통 방식은 결과에 큰 영향을 미친다.

효과적으로 소통하기

〈반항하는 10대Defiant Teens〉라는 책에서 저자는 10대 자녀와 소통할 때 해도 되는 것과 하지 말아야 할 것을 구분하여 제시했다. 다음은 그 목록이다.

이와 함께 효과적인 소통의 전략들을 적용해보자.

하지 말아야 할 것	해도 되는 것
모욕하기	문제 언급하기
끼어들기	차례 기다리기
비판하기	좋은 점과 나쁜 점 말하기
방어적인 태도 취하기	차분하게 반대 의견 내기
설교하기	짧고 간결하게 말하기
산만한 모습 보이기	집중하기
비아냥거리기	평소 말투로 말하기
침묵하기	감정 말하기
부정하기	책임 받아들이기
욕설하기	위엄 있는 말투로 말하기

1. 10대 자녀가 항상 대화할 준비가 되어 있거나 대화할 기분인 것은 아니다. 부모가 어떤 문제에 대해 말하길 강요하면 소통은 어려워진다. 반면 자녀가 대화할 준비가 되어 있다면 당신이 들어주기 어려운 상황이라 해도 대화하는 것이 좋다. 그럴 수 없는 부득이한 경우에는 언제 대화가 가능한지 구체적인 시간을 알려준다. 나는 딸아이와 전화나 문자로 자주 대화한다. 그런데 내가 회의 중이라서 전화를 받을 수 없는 상황이면 L이라고 문자를 보낸다. 이것은 지금 당장은 이야기할 수 없으니 나중에 전화하겠다는 뜻이다. 딸도 내 전화를 받을 수 없거나 문자를 보낼 수 없을 때는 똑같이 L이라고 보낸다.

2. 적극적으로 경청한다. 그러려면 자녀의 말에 집중하고, 이해하고 있다는 몸짓을 보여줘야 한다. 한 번씩 요점을 정리해서 자녀의 말을 이해하고 있다는 것을 표현하면 좋다. 여기에서 핵심은 듣는 것이다. 즉각적으로 문제의 해결책을 제안하고 싶더라도 자제하자. 그저 당신이 느끼는 것을 정직하게 말해주고 그 느낌이 긍정적인지 부정적인지만 알려준다. 이때 비난하는 식으로 말하면 자녀에게 상처가 되므로 주의해야 한다.

내 딸에게는 에이미라는 친구가 있다. 에이미는 엄마가 이야기를 들어주는 방식이 마음에 들지 않았다. 그래서 '나의 대화 유형'이라는 목록을 적어 엄마에게 줬다.

- 주체 – 내가 이야기를 하는 사람이니 엄마는 듣기만 하고 문제를 해결하려 들지 마세요.
- 제안 – 내 이야기를 끝까지 듣고 나서 마지막에 제안해주세요.
- 해결책 – 내가 내 문제를 설명하고 몇 가지 가능한 해결책을 제안한 후에 엄마한테 해결책을 구할게요.
- 과정 – 내가 이야기를 하면 그 흐름에 맞게 중간중간 엄마가 조언이나 제안을 해주세요.
- 대화 – 평소처럼 주고받는 대화가 좋아요.

위의 목록이 모든 대화에 적용되진 않겠지만, 적어도 10대가 이런 바람이 있다는 것을 아는 데는 도움이 된다. 부모는 대화를 할 때 자녀를 '주체'로 대하기 바란다. 자녀는 이야기하는 입장이고 부모는 들어주는 입장이라는 사실을 잊지 말아야 한다.

3. 되도록 늘 협상하고 아주 중요한 상황에만 협상불가 카드를 제시한다. 자녀에게 문제가 생겼을 땐 당신이 최선을 다해 들어줄 것이고, 자녀의 의견을 존중할 것이며, 언제라도 협상 또는 양보할 것이라고 알려준다. 하지만 때로는 절충하거나 협의할 수 없는 것이 있다는 사실도 일러준다.

4. 자녀의 요구에 반사적으로 "안 돼."라고 말하지 않는다. "안 돼."라고 말해야 할 경우도 분명 있겠지만 이를 분별력 있게 사용해야 하고 안 되는 이유도 설명해줘야 한다.

비합리적인 믿음 거두기

앞서 언급한 책 〈반항하는 10대〉에 따르면, 부모가 비합리적인 믿음을 가졌기 때문에 10대 자녀와 상호작용할 때 어려움을 겪는다. 10대 자녀의 행동을 이해하고 관계를 개선하기 위해 부모의 비합리적인 믿음이 무엇인지 알아보자.

1. 이제 어린아이가 아니므로 어떤 실수도 해선 안 되고 항상 부모의

규칙과 기대에 따라야 한다. 숙제를 안 하거나 시험 점수가 낮거나 태도가 나쁘다고 자녀에게 크게 화를 내는 부모들이 있다. 이런 문제가 가정생활이나 학업성적에 뚜렷이 부정적인 영향을 미치지 않는다면 앞으로도 이런 일은 종종 일어날 것이다. 이는 10대 자녀의 발달 과정에서 나타나는 전형적인 현상임을 인정해야 한다.

2. 미성숙한 청소년에게 너무 많은 자유를 주면 어마어마한 실수를 저질러서 인생을 망칠 것이다. 책임감 있는 어른이 되는 과정에서 실수를 경험해보는 것은 의미 있는 일이다. 자녀에게 자유를 어느 정도 허용해 위험을 감수하게 하자. 이는 자녀의 실행능력 발달에 도움이 된다.

3. 10대는 부모를 화나게 하려고 또는 부모에게 복수하기 위해 일부러 못된 짓을 한다. 이런 일이 있을 수도 있지만 대부분은 그렇지 않다. 10대 자녀는 대부분 독립하고자 하는 욕구를 표현하려다 부모의 화를 돋우는 행동들을 하게 된다. 부모의 한계를 시험하려는 불순한 의도가 깔려 있는 것은 아니다.

4. 자녀는 부모가 자신에게 해준 모든 것에 대해 감사를 표현해야 한다. 10대는 특히 어릴수록 자기중심적이다. 자기의 일을 먼저 생각하고 더 중요하게 여긴다. 이는 청소년기의 발달상 특징이다. 부모가 자녀로

부터 감사의 표현을 들으려면 청소년기 후반이나 청년기까지, 또는 더 오래 기다려야 한다.

자녀와 소통할 때는 주기적으로 자문해보기 바란다. 당신이 자녀의 특정 행동이나 상황을 받아들이는 방식은 과연 합리적인가?

효과적으로 지시하기

부모가 10대 자녀와 소통할 때는 지시사항이나 기대치를 효과적으로 전달하는 것이 중요하다.

1. 확실하게 전달한다. 부모는 자녀가 지시에 따랐는지 그렇지 않았는지에 따라 그에 상응하는 조치를 내려야 한다. 그런데 후속조치를 아예 하지 않거나 몇 시간 뒤 또는 며칠 뒤에 내리면 아무 소용이 없다. 이때 자녀는 부모의 지시를 그저 단순한 '소음'으로 여기게 된다. 따라서 가능한 한 구체적으로 지시하고 항상 눈을 보며 말해야 한다.

예를 들어 자녀는 2층 방에 있는데 엄마가 1층에서 위층에 대고 소리를 지르며 "얘야, 방 좀 치워라!" 하고는 그 후 아무 말도 하지 않으면 아이가 그 지시를 따를 가능성은 매우 낮다. 대신에 위층으로 올라가서, 또는 자녀를 아래층으로 불러서 눈을 맞추고 "친구와 놀러 나가기 전에 네 방바닥에 있는 옷들을 빨래바구니에 넣어서 아래층에 갖다 놓으렴." 하고 이야기한다면 아이가 정한 시간 안에 그 일을 마칠 가능성이 높아진다. 자녀가 친구와 나가 놀려고 할 때 지시한 일을 마쳤는지 물어보자. 만약 지시한 일을 하지 않았으면 "그것만 마치면 나가서 놀아도 돼." 라고 말해야 한다. 자녀가 지시를 따르지 않았는데도 조치를 취하지 않는다면 이는 자녀가 부모의 말을 듣지 않게 만드는 꼴이 된다.

2. 여지없이 받아들여야 하는 지시사항을 질문이나 부탁처럼 말하지 않는다. 여지없이 받아들여야 하는 지시사항은 직접적이고 사무적으로 전달하는 것이 좋다. 이런 상황에서 부모는 자녀가 지시사항을 거부할 것이라 생각하고 짜증 섞인 목소리로, 아니면 약간 화를 내면서 말하기도 한다. 아마도 이전에 자녀가 그런 지시사항을 무시해버린 적이 있어서 그럴 것이다. 하지만 이런 방식은 지시사항을 효과적으로 전달하는 데 도움이 되지 않는다. 오히려 부모와 자녀 간의 말싸움으로 치닫게 될 확률만 높아진다.

3. 한 번에 너무 많은 것을 지시하지 않는다. 부모와 자녀가 함께 있는 시간이 너무 짧다 보니 부모는 지시사항을 한꺼번에 적어줘야겠다고 생각하기도 한다. 그러나 이런 방식은 자녀에게 '일감 쌓아주기'로 인식되기 때문에 십중팔구 화만 돋운다. 지시사항은 한 번에 한두 가지만 전달한다.

4. 무엇을 '하지 말라'고 하기보다는 무엇을 '하라'고 말한다. 부모가 자녀에게 '하기' 바라는 것을 구체적으로 전달하면 자녀의 머릿속에는

다음에 해야 할 일이 생각나게 된다. 자녀에게 '하지 말라'는 지시를 하면 다음에 무엇을 해야 할지 정확하게 알 수가 없다.

5. 자녀가 다른 것에 주의를 빼앗긴 순간에는 지시하지 않는다. 자녀는 문자나 SNS, 전화, TV 프로그램 등에 정신이 팔려 있을 때가 많다. 부모는 이런 상황에서 지시를 내리는 실수를 범하기도 한다. 자녀가 뭔가 재미있는 것을 하고 있을 때는 부모의 지시사항이 전혀 귀에 들어오지 않는다. 사실 그 어떤 일도 부모가 시키는 일보다는 항상 더 재미있기 마련이다. 자녀에게 지시사항을 효과적으로 전달하려면 자녀의 주의가 분산되지 않게 집중시켜야 한다. 자녀가 당신이 한 말을 제대로 들었는지 헷갈릴 때는 자녀에게 방금 들은 말을 그대로 말해달라고 해보자. 단, 너무 자주 확인하는 것은 좋지 않다.

지시사항을 잘 전달하려면 타이밍도 매우 중요하다. 자녀가 집에 오자마자, 집을 막 나서려는 찰나, 잠자리에 들려는 순간이나 아침에 눈을 뜨자마자 지시를 해서는 안 된다. 이런 타이밍에 지시한다면 결국 행동으로 이어지기 힘들고 재차 같은 지시를 해야만 한다. 자녀가 어디 나갔다가 집에 들어올 때는 반갑게 맞아주고 무엇을 하다 왔는지 이야기할 기회를 줘야지 문에 들어서자마자 싫어하는 일과 맞닥뜨리게 해서 '전환충격'을 줘서는 안 된다. 마찬가지로 아침에 일어나는 일은 시간이 걸리는 데다 짜증나는 일이기 때문에 이때 자녀에게 지시를 하면 하루 중 가장 스트레스 받는 시간으로 여길 뿐이다.

규칙 정하기

청소년기에는 독립에 대한 욕구가 커지고 스스로 결정할 수 있는 기회가 늘어난다. 부모가 자녀의 할 일을 정할 때 규칙이 없으면 10대 자녀는 자연스럽게 그 빈틈을 자신이 바라는 일들로 채운다. 자녀가 바라는 일은 또래의 가치에 의해 결정될 가능성이 높아서 부모는 자녀의 계획이 무엇인지 알기 어렵다. 대부분의 10대는 하고자 하는 일을 정하고 나면 그것을 고수하려는 경향이 있기 때문에 부모가 다른 것을 기대할 때 갈등이 생겨난다. 이런 갈등을 최소화하기 위해서는 부모가 규칙을 정해서 알려주고 정기적으로 확인하는 것이 좋다. 규칙을 효과적으로 정하기 위해 다음의 내용을 고려하자.

1. 규칙의 개수를 제한하고 부모가 없을 때도 자녀가 지킬 수 있게 한다. 규칙은 자녀를 위기상황으로부터 보호하는 안전망 역할을 한다.

2. 여러 상황에 적용할 수 있으면서도 구체적이고 다르게 해석할 여지가 없는 규칙을 만든다. 예를 들어 '적당한 시간이 되면 집에 들어와라'가 아니라 '12시 정각까지 집에 돌아와라'가 효과적인 규칙이다.

3. 규칙의 예외에 대해 미리 정해둔다. 예를 들어 통금 시간이 자정이면 정확히 그 시간까지만 허용할지, 유연하게 15분 정도의 여지를 허용할 것인지를 미리 정한다. 예외는 규칙을 훼손하기 때문에 자주 사용하

지는 말아야 한다.

4. 규칙을 지키지 않았을 때 어떤 조치가 따를지 미리 말해둬야 한다.

부모와 10대 자녀 양쪽과 면담해본 결과, 규칙을 적용하는 것이 필요한 영역은 다음과 같다.

1. 통금 시간

통금 시간은 10대 자녀가 조정하고 싶어 하는 규칙으로, 나이가 들면서 그 기준이 바뀐다. 이때 고려해야 할 변수는 하교 시간, 주말 밤이나 특별한 행사가 있는 경우다. 통금 시간은 절대 협상이 불가한 한계선을 정해둬야 한다.

2. 위치 파악

부모는 자녀가 있는 위치, 이동하는 주요 장소에 대해서 알고 있어야 한다. 친구의 집에 있다가 쇼핑몰이나 다른 친구의 집으로 이동했는지 등 대략적인 자녀의 위치를 파악하도록 한다.

3. 함께 있는 친구

자녀가 누구와 함께 있는지 일일이 다 알아야 하는 것은 아니지만 누구와 시간을 보내는지 대강은 알고 있어야 한다. 같은 맥락으로, 자녀에게 연락이 되지 않을 경우를 대비해 몇몇 친한 친구의 휴대전화 번호는 알아두는 것이 좋다. 이는 긴급상황을 위한 것이다. 자녀가 문자에 답이 없다거나 전화를 안 받는다고 해서 시도 때도 없이 연락해서는 안 된다.

4. 친구의 부모들과 연락하기

자녀가 친구 집에서 자고 온다거나, 모임에 가거나, 바닷가에 놀러 가는 등의 상황에서는 그 일을 계획한 친구의 부모와 연락해서 그 부모도 알고 있는 일인지, 그 장소에 함께 있을 것인지를 확인한다. 자녀가 친구 집에서 자고 올 때 친구의 부모가 전화를 걸어 자녀가 귀가할 예정이라고 알리기 전까지는 친구 집에 계속 머물러야 한다고 정한다.

5. 전자기기, SNS의 사용

인터넷에 본인이나 친구에 대한 정보를 올리는 일, 자주 가는 웹사이트, 다운로드에 관해 규칙을 정한다.

6. 술·담배 피하기

술이나 담배에 대해서는 대개 학교에서 규제를 하고 있다. 자녀가 보호자와 함께 있을 때는 술을 조금 마셔도 괜찮다고 생각하는 사람들도 많다. 하지만 규칙을 정하는 것은 온전히 부모의 몫이다. 다른 친구들이나 그 부모들이 이 문제에 관여하도록 해서는 안 된다. 부모의 신념에 따라 성관계, 피임에 대한 원칙도 세운다.

7. 기타

- 허락받지 않은 장소나 상황, 사람을 만나는 것을 막기 위한 규칙
- 불법, 비윤리적인 행동을 방지하기 위한 규칙

10대 자녀는 자신의 일은 부모가 신경 쓸 일이 아니라고 생각한다. 이때는 부모로서의 역할을 미리 정하고 자녀가 이를 받아들이도록 하는 것이 중요하다. 다음 정보에 관해서는 부모가 알고 있어야 한다.

- 학업성적
- 누구와 어디서 시간을 보내는가
- 음주나 흡연을 하게 되는 상황
- 정신적 상처를 줄 수 있는 조기 성관계를 하게 되는 경우
- 임신을 하거나 여자친구를 임신시키거나 성병에 걸린 경우

부모가 이런 것에 대해 묻는다고 해서 자녀가 쉽게 답해주지는 않을 것이다. 하지만 부모로서 적어도 이런 문제들에 대해서는 알아야 한다는 것을 자녀에게 이해시켜야 한다.

효과적인 후속조치 만들기

후속조치도 규칙처럼 부모가 조정할 수 있는 환경 변화로, 자녀의 행동에 중요한 영향을 미친다. 반항적인 10대를 위한 프로그램을 보면 후

속조치에는 구체성, 즉시성, 불변성, 중요성, 일관성, 균형성이라는 여섯 가지 특징이 있다.

1. 구체성

규칙과 마찬가지로 후속조치는 구체적이어야 한다. “제때 집에 오지 않으면 후회하게 될 거야.” 같은 애매모호한 말은 피해라. “오늘 밤에 30분 늦으면 내일 밤에는 한 시간 일찍 집에 와야 하고, 30분 이상 늦으면 내일 밤에는 외출금지를 내리겠다.”라고 명확하게 말해야 한다.

부모는 규칙을 어기는 상황과 그에 따른 처벌을 논리적으로 연관 지어야 한다. 예를 들어 물건을 잃어버리거나 망가뜨리면 다시 구해오게 하거나 금전적으로 보상하게 한다. 또한 자신이 어디에서 무엇을 하고 있는지 부모에게 정확히 알려주지 않으면 앞으로는 그곳에 가지 못하게 하거나 그 활동에 참여하지 못하게 한다.

2. 즉시성

후속조치는 곧바로 취해야 가장 효과가 크다. 자녀가 해야 할 숙제나 집안일이 있다면 할 일을 마친 후에야 좋아하는 활동을 할 수 있게 한다. 이때 자녀에게 할 일을 마쳤는지 말로만 물어보지 말고 직접 확인해야 한다. 부모가 집에 없어서 직접 확인할 수 없을 때도 있을 것이다. 그럴 경우 나중에라도 자녀가 할 일을 끝내지 않았다는 것이 확인되면 그 즉시 할 일을 다 마칠 때까지 원하는 활동을 못하게 해야 한다. 즉각적인 조치가 불가능할 때는 다음 번에 이번 행동에 대한 처벌을 적용시킨다.

3. 불변성

후속조치에는 불변성이 필요하다. 후속조치는 양육자에 따라, 그들의 기분에 따라, 상황에 따라 바뀌면 안 된다. 자녀가 양육자나 상황에 따라 후속조치가 바뀐다는 것을 알게 되면 규칙의 효과가 떨어진다.

4. 중요성

긍정적 행동이나 부정적 행동에 뒤따르는 후속조치는 규칙과 연관이 있어야 한다. 통금 시간을 예로 들어보자. 자녀가 통금 시간을 어길 경우, 규칙을 잘 지킬 때까지 통금 시간을 앞당기는 것이 옳다. 반대로 통금 시간을 꾸준히 잘 지키면 통금 시간을 늦춰주는 등 의미 있고 긍정적인 후속조치를 해야 한다. 10대가 규칙을 잘 지킬 때마다 긍정적인 후속조치를 해줘 의미를 부여한다.

5. 일관성

부정적인 후속조치는 일관성이 있어야 한다. 자녀가 규칙을 따르지 않을 때마다 후속조치를 적용해야 한다. 지시만 여러 번 반복하거나 후속조치가 있을 거라고 협박만 할 뿐 매번 적용하지 않으면 자녀가 규칙을 따르지 않게 된다.

6. 균형성

균형성에는 두 가지 의미가 있다. 첫 번째는 공정성이다. 자녀가 통금 시간을 한 번 어기면 다음 날에만 통금 시간을 앞당기는 것이 균형 잡힌 조치다. 그러나 일주일 동안 외출금지를 시키는 것은 과한 조치다. 외출금지같이 엄한 후속조치는 중요한 것을 위반했을 때를 위해 남겨둬야 한다. 두 번째로 긍정적 후속조치와 부정적 후속조치의 비율이 균형을 이뤄야 한다. 행동의 변화를 일으키는 데 있어서 긍정적인 말과 부정적인 말의 비율이 3:1이 될 때 긍정적인 행동이 늘어날 가능성이 높다는 것을 앞서 배웠다. 부정적인 후속조치가 긍정적인 후속조치보다 많으면 자녀는 규칙을 따를 동기를 잃어버린다. 자녀가 동기를 잃고 막 나가게 되면 부모는 자녀의 행동에 영향을 줄 수 없다.

외부 전문가 활용하기

부모는 유아기 이후부터 청소년기 이전, 또는 청소년기 초기까지 자녀의 조언자이자 멘토 역할을 해왔다. 처음 보는 기구의 사용법이나 옷 입는 법, 양치질하는 법, 요리하는 법, 고장 난 물건 고치는 법, 친구와 문제가 있을 때 해결하는 법을 알려준 것은 다름 아닌 부모다. 아이에게 공을 던지는 법과 발로 차는 법, 손으로 받는 법을 직접 보여주기도 했다. 아이가 부모는 답을 알고 있을 거라 기대하며 도움을 구하러 올 때면 함께 답을 찾아주고 문제를 해결해줬다. 부모는 이 모든 것을 자녀가 보다 더 자립적으로 성장하길 바라며 해줬다.

부모의 역할을 최초로 대신하는 사람은 아마도 선생님이나 코치일 것이다. 자녀가 "선생님이 그렇게 하는 게 아니랬어요." 또는 "코치님은 그렇게 말하지 않았어요."라고 말할 때 부모는 자신이 더 이상 자녀에게 멘토가 아님을 깨닫는다.

자녀가 앞으로 더 복잡하고 많은 정보를 처리하게 될 것을 감안하면 부모가 홀로 조언자나 전문가의 역할을 하기는 점점 더 어려워질 것이다. 자녀가 독립적인 의사결정자로 홀로서기를 선언하고, 스스로 또는 친구를 통해 정보나 조언을 얻으려 한다면 부모의 역할은 더더욱 줄어들 수밖에 없다.

하지만 재정, 건강보험, 법적인 문제, 의료 서비스와 같이 어른들이 해야 하는 일은 부모가 계속해서 담당한다. 어린 자녀는 이런 일들에 관심이 없고 이해하기도 어렵다. 그러나 10대 자녀가 보다 독립적이고 능력 있는 청년이 되려면 이런 일도 경험해볼 필요가 있다. 예를 들어 가계 예산을 짤 때 자녀도 참여시키고 가계 재정에서 식비, 관리비, 자동차 할부금, 집세, 대출금 등의 지출이 얼마나 되는지 알려주는 등 가정에서 자녀를 어른으로 대해주고 자녀도 그것을 느끼게 한다.

여기서 한 발짝 더 나아가 사회가 어떻게 돌아가는지를 다양한 시각으로 볼 수 있게 도와줄 수 있다. 이때는 전문가를 활용하면 좋다. 자녀가 재정관리를 스스로 하길 원하면 은행에 가서 은행 계좌를 만들게 하고 은행원과 만나 이야기하게 해준다. 자녀가 법적인 문제에 대해 물어본다면 그 질문에 답할 수 있는 변호사와 상담을 하게 해준다. 자녀가 건강 문제에 관심이 있거나 궁금해하는 것이 있을 때는 의사나 간호사와 약속을 잡고 직접 만나게 해준다. 즉, 10대 자녀가 예비성인으로서 경험해봐야 할 상황들이 있을 때, 그 분야의 전문가들을 소개해주고 자녀가 직접 그들과 의사소통하게 해준다.

실행능력이 취약한 자녀가 이런 방법으로 처음 전문가들과 상담을 한 후에는 자녀가 부모에게 전해준 상담 내용이 정확한지 전문가들에게 재확인해볼 필요가 있다. 그렇지 않으면 한참이 지난 후에야 자녀가 상담 내용을 제멋대로 이해했다는 사실을 알게 될 것이다. 그때는 이미 손쓸 수 없는 일이 벌어져 있을지도 모른다. 또한 특정 분야의 전문가가 제공하는 정보가 자녀에게 적절한지도 검토해봐야 한다.

물리적·사회적 환경 변화

10대 자녀의 행동지도에 도움이 되는 물리적·사회적 환경 변화에 대해 알아보자. 자녀가 아주 어릴 때는 아이를 직접 보고 확인해야 안심한다. 그래서 카메라를 설치해 아이를 살피기도 한다. 아이가 좀 더 자라서 집 이외의 장소에서 활동하게 되면 그곳에 데려다주거나 아이가 잘 도착했는지, 그곳에 어른이 함께 있는지 등을 확인한다. 이런 식으로 부모는 자녀의 안전을 확인한다.

자녀가 청소년기에 접어들면 이동의 자유가 크게 늘어나므로 자녀의 안전을 확인하는 데 휴대전화가 큰 역할을 한다. 휴대전화는 부모와 자녀 간 소통이 가능하게 하는 도구면서 GPS를 통해 자녀의 위치를 실시간으로 알려주는 기능도 한다. 자녀가 어느 정도까지 독립적으로 행동하기를 바라는가에 따라 휴대전화의 용도는 달라진다. 10대 자녀의 행동에 보다 깊이 관여하게 해주는 스마트폰 어플리케이션이 있다. 자녀의 활동 영역을 설정해두면 자녀가 그 지역을 벗어날 경우 스마트폰 어플리케이션이 부모에게 이를 알려준다.

물리적·사회적 환경 변화의 나머지 부분은 실행능력의 약점과 관련이 있다. 그 부분은 다음과 같은 사항을 포함한다.

- 알람시계
- 자료 정리와 방 정리
- 벽걸이 달력 또는 탁상 달력
- 일과표나 특별한 활동을 적기 위한 화이트보드

이 밖에도 여러 가지 다른 것들이 있겠지만 여기서 다루고자 하는 것이 무엇인지 충분히 이해했을 것이다. 환경을 바꿀 때 자녀가 의사결정 과정에 참여하는 것은 매우 중요하다. 그리고 자녀 입장에서 부모가 지나치게 감독한다고 느낄 만한 것들, 예를 들면 GPS를 사용할 때는 합당한 이유를 설명해야 한다. 10대는 자기 일은 자기가 다 알아서 할 수 있다고 생각한다는 것을 잊지 말자. 환경을 바꾸는 것에 대해 자녀가 어느 정도로 기분 나빠하는지, 얼마나 방어적인지는 자녀의 반응 유형과 다른 여러 요인에 따라 다를 수 있다. 예를 들어 책임형은 회피형보다 덜 방어적으로 받아들일 것이다. 다음은 부모들이 빈번하게 마주하게 되는 짜증스러운 상황을 다룬 글이다.

한나는 아들 알렉스를 어떻게 해야 할지 모르겠다. 알렉스는 참 좋은 아들이다. 유머가 넘치는 착한 학생이며 10대 치고는 가족과도 아주 잘 아울린다. 그런데 문제는 책임감이 없기 때문에 정리정돈을 못한다는 것이다. 이 상황이 시트콤에 나오면 재미있는 소재가 되겠지만 현실은 그렇지 않다. 더러운 옷이 집 안 여기저기에 널려 있다. 재킷은 거실 바닥에 널브러져 있고, 욕실 바닥은 땀투성이 운동복과 양말의 안식처가 되었다. 알렉스는 늘 세탁기를 돌려놓고 깜박하기 때문에, 옷은 필요할 때마다 건조기에서 하나씩 꺼내서 입고 다닌다. 건조기를 옷장으로 여기는 게 분명하다. 가장 참기 힘든 광경은 음식을 먹은 뒤 치우지 않고 그대로 방치하는 것이다. 시리얼 그릇은 우유가 반쯤 남은 채로 선반에 놓여 있다. 알렉스는 집 안 여기저기에서 음식을 먹고 그릇을 아무 데나 내버려두는 버릇이 있다. 접시는 침대 밑에 숨어 있고, 아무렇게나 놓은 주스 잔과 스푼 때문에 집 안 곳곳에 얼룩이 진다. 한나는 스푼이나 포크를 찾을 때 거의 매번 알렉스의 방으로 간다.

한나도 참고만 있지는 않았다. 한나는 알렉스를 협박해보고 잔소리도 해보고 들볶기도 해봤다. 하지만 알렉스가 물건을 아무 데나 놓아두는 습관을 고칠 효과적인 방법을 도통 찾을 수가 없었다. 한나는 골치가 아팠고 이런 일로 화를 낸다는 것이 스스로도 황당했다. 그리고 아들과의 관계에서 쓸데없이 긴장만 더해갔다.

어느 날 저녁, 알렉스 방에 가서 한바탕 아들을 혼내고는 만화 속에나 나올 법한 수두룩하게 쌓인 접시들을 조심조심 들고 내려왔다. 그러고 나서 남편 마커스와 머리를 맞대고 이야기를 나눴다.

"정말 이 문제를 어떻게 하면 좋을지 모르겠어."

"우선은 이렇게 살 수는 없다고 알렉스에게 확실히 이야기해야겠지. 그리고 정리정돈을 잘할 수 있게 체계를 마련해야 할 것 같아."

두 사람은 조금 더 이야기를 나누면서 몇 가지 아이디어를 생각해냈다. 다음 날 알렉스가 학교에서 돌아오자 한나와 마커스는 알렉스에게 앞으로 어떻게 할지에 대해 이야기했다.

"알렉스, 더 이상 이렇게 살 수는 없어. 집 안이 온통 엉망진창인데 대부분이 네 물건 때문이야. 접시 한두 개가 여기 있고 바지 몇 벌이 저기 널려 있는 정도야 별거 아니지만, 문제는 이런 것들이 계속 쌓여간다는 거야. 무엇보다 더 끔찍한 건 이 문제가 끝이 날 것 같지가 않다는 거지. 지금부터 해결책을 이야기해볼게."

한나는 바닥에 있는 가방을 집어서 테이블에 올려놓은 후 가방에서 파란색 그릇, 접시, 스푼을 두 개씩 꺼냈다.

"이게 네 접시야. 다른 사람은 이걸 쓰지 않을 거고 너도 다른 그릇은 쓸 수 없어. 네가 다른 접시를 쓰고 아무 데나 내버려둔 걸 발견하면 경고를 줄 거고, 경고가 세 번 쌓이면 주말 밤에 집안일을 하면서 얌전히 집에 있어야 해. 그리고 앞으로는 네 방에서 먹는 것도 금지야. 앞으로 과자를 먹고 싶으면 거실에서 먹어."

알렉스가 웃었다.

"농담이죠? 지금 이 이야기는 엄마가 들어도 너무 이상하지 않아요?"

한나가 대답했다. "아주 이상해. 내가 생각해도 미친 소리 같아. 하지만 선택의 여지가 없어. 몇 년 동안 네가 벌인 난장판을 정리하면서 언젠가는 스스로 알아서 하겠거니 생각했어. 게다가 지금 어쩌다 한 번 아무 데나 물건을 둔 걸 갖고 이야기하는 게 아니잖아. 계속 반복되는 심각한 문제라고. 스푼은 늘 제자리에 없고, 네 뒤를 따라다니면서 정리를 해야만 하는 데다, 어떤 때는 썩은 음식을 찾아낼 때도 있었어. 이젠 정말 못 참아."

알렉스는 몇 분 동안 생각에 잠기더니 천천히 고개를 끄덕였다.

"알았어요. 하지만 영원히 이러는 건 아니죠?"

"물론이야. 우리도 네가 불편하게 생활하는 걸 원치 않아. 접시를 잘 관리하면 다시 예전대로 할 거야. 하지만 네 방에서는 앞으로 절대 음식을 먹을 수 없어. 이건 위생과 관련된 문제라고 생각하거든."

알렉스가 한숨을 쉬며 말했다. "알았어요."

"이번엔 세탁물 이야기를 해보자. 넌 가끔 옷 한 무더기를 건조기에 그대로 남겨두지? 필요할 때만 하나씩 빼가고. 지금부터는 이렇게 할 거야. 건조기에 네 빨래가 너무 오래 남아 있다 싶으면 네가 다음 번 빨래를 하고 치울 때까지 돌려주지 않을 거야. 만약 이렇게 해도 안 고쳐지면 컴퓨터를 못하게 하는 방법도 있지."

"말도 안 돼요!" 알렉스가 심각하게 말했다.

"나도 알아. 끔찍하지?"

"알았어요. 할 수 있어요. 하지만 내 방에서 음식을 먹는 문제는 다시 생각해봐야 할 것 같아요. 나만의 공간에서 느긋하게 먹고 싶은데 이 집에서 진짜 내 공간은 내 방밖에 없으니까요. 이건 어때요? 포장된 과자나 음료는 내 방에서 먹고 쓰레기통은 이틀에 한 번씩 비울게요. 접시는 안 갖고 올라가고요."

한나는 아들을 바라보고 잠시 미소를 지었다.

"알았어, 대신 패스트푸드는 안 돼."

"패스트푸드는 안 먹을게요."

7

실행능력 가르치기

앞서 소개한 동기 부여 전략들을 활용하면 10대가 실행능력을 어떻게 사용할지 알게 될 것이다. 그리고 주변에서 격려해준다면 실행능력을 보다 효율적으로 발달시키게 될 것이다. 늘 지각하는 학생을 예로 들어보자. 정해진 시간 내에 집을 나선 날은 방과 후에 온라인게임을 해도 좋다고 허락함으로써 시간관리 능력을 향상시켜준다. 감정조절이 어려운 10대에게는 금요일 저녁부터 토요일 오후까지 동생에게 크게 화낸 일이 없으면 토요일에 친구들과 쇼핑몰에 가는 것을 허락해주는 식으로 감정조절 연습을 시킬 수 있다. 그러면 금요일 저녁에 동생이 허락도 없이 자기가 아끼는 옷을 입어도 난리법석을 떠는 일은 막을 수 있다. 이 경우 쇼핑이라는 인센티브를 활용해 10대 자녀의 실행능력 문제를 개선하는 과정을 보여준다.

그러나 실행능력이 취약한 10대들은 부모나 자신이 원하는 일이라도 방법을 전혀 몰라서 못하는 경우가 많기 때문에 단순히 동기만 부여한다고 문제가 해결되지는 않는다. 예를 들어 시간관리가 어려운 10대는 제시간에 집을 나서기 위해서 자기 시간을 어떻게 짜야 하는지 모를 수 있다. 이런 자녀에게는 자기 전에 가방을 챙겨놓고 입고 갈 옷도 미리 정해두라고 가르쳐줘야 한다. 감정조절 문제를 겪는 10대는 동생이 자기 물건을 허락 없이 가져갔을 때 소리를 지르는 것 말고는 다른 해결 방법을 모를 수 있다. 동생에게 소리 지르기 전에 마음속으로 20까지 세면서 마음을 가다듬거나, 쪽지를 써서 하고 싶은 말을 표현하거나, 부모에게 함께 해결해보자고 하는 방법도 있는데 말이다.

10대 자녀의 실행능력 발달을 돕고 싶은 부모를 위한 만능해결책은 없다. 이번 장에서는 부모가 맞닥뜨리게 되는 두 가지 상황을 소개하고 부모가 이를 어떻게 자녀의 실행능력 발달의 기회로 활용할 수 있을지를 알아본다.

첫째 상황은 부모와 자녀가 개선해야 할 문제가 있다는 점에 동의하고 이 문제를 기꺼이 함께 다루고자 하는 상황이다. 이때는 직접적으로 가르쳐주면 된다.

둘째 상황은 부모 눈에는 자녀의 취약성이 확연하게 드러나는데 자녀는 이를 알아채지 못하거나 개선할 필요를 못 느끼는 상황이다. “내가 지각한다고 누가 신경이나 쓰겠어요? 내 친구들은 다들 나한테 익숙해져서 약속한 시간보다 30분 늦게 나온단 말이에요.”라고 말하거나

"동생이 허락도 없이 마음대로 내 물건을 가져가지만 않았으면 제가 소리 지르고 화낼 일은 애초에 없었을 거라고요!"라고 말하는 자녀라면 인센티브를 활용해 실행능력을 배우게 하자.

또한 장보기나 약속 잡기, 용돈관리 등 일상 활동에 10대 자녀를 참여시켜 실행능력을 배우게 하는 방법도 알아보자. 일상의 과업을 성공적으로 해낸다면 부모와 자녀 모두 자신감을 갖게 될 것이다.

이 모든 경우 가장 중요한 원칙이 한 가지 있다. 모든 진행 과정에 10대 자녀의 의견을 반영한다. 자녀에게 이래라저래라 하기에 아이는 너무 커버렸다. 그리고 10대 자녀는 좋은 의견을 서로 나누고, 효과적인 전략을 선택하고, 적합하지 않은 전략은 배제할 능력을 갖출 만큼 성장했다.

개선 의지가 있는 10대를 위한 전략

실행능력이 취약한 10대 중 약 5%만이 자신의 취약성을 알고 있으며 기꺼이 부모와 이 문제를 다루려고 한다. 다른 20%는 자신의 문제를 알고 있으며 강화나 인센티브를 통해 부모 또는 다른 성인과 그 문제를 다룰 마음이 있다. 따라서 이 25%에 속하는 10대를 돕기 위한 계획은 성공할 확률이 높다. 지금부터 이들을 대상으로 하는 계획을 소개하겠다.

1단계 : 취약한 실행능력과 문제상황 파악하기

이 단계는 두 부분으로 나뉜다. 우선 자녀와 함께 취약한 실행능력이 무엇인지 구체적으로 파악하라. 그러고 나서 그 취약성이 문제가 되는 상황을 알아본다.

• 취약한 실행능력 : 시간관리

문제상황 : 제이크는 항상 아침에 학교에 늦는다. 여러 번 재촉하고 잔소리를 해야 제시간에 집을 나선다.

• 취약한 실행능력 : 감정조절

문제상황 : 맥신은 동생 때문에 화를 참지 못할 때가 많다. 그러다 보니 큰소리가 나는 싸움으로 이어진다.

문제상황과 취약한 실행능력을 함께 파악하는 것이 왜 중요할까? 그 이유는 우리가 다루려는 문제상황이 10대 자녀의 부족한 실행능력 때문에 발생하는 것이기 때문이다. 또 다른 이유는 취약한 실행능력을 파악하면 그것이 다른 상황에서 어떻게 드러날지 짐작할 수 있기 때문이다. 이는 취약한 실행능력을 교정하는 전략을 고안할 때 도움이 된다. 뿐만 아니라 다른 상황에 그 전략을 적용할 수도 있다. 이는 행동 연구에서 '일반화 형성'이라고 알려진 방법이다.

어떤 실행능력과 문제상황부터 다루는 것이 좋을까? 아래의 정보가 도움이 될 것이다.

• 10대 자녀에게 가장 어려운 문제가 무엇인지 물어보자. 이런 접근은 쉽지 않을 수 있으니 먼저 자녀의 강점을 부각시키며 대화를 시작해본다. 자녀의 강점이 긍정적인 효과를 내는 경우를 구체적으로 제시하면서 부모가 진솔하게 대화에 임하고 있다는 확신을 주자. 그리고 자녀의 취약한 실행능력에 대해 말하기 전에 강점에 대해 더 하고 싶은 이야기가 있는지 물어보자. 그런 후에 취약한 실행능력을 살펴보고 학교생활이나 일상에서 중요한 순간에 문제가 되는 경우를 알아본다.

• 실행능력 질문지에서 가장 높은 점수를 얻은 것이 취약한 능력이므로 이 부분을 먼저 다룬다.

• 일주일 동안 자녀의 일상을 관찰해보자. 자녀가 곤경에 처한 상황이 있었다면 취약한 실행능력과 관련이 있는지 알아본다. 자녀가 시간관리를 못해서 마감 시간까지 과제를 제출하지 못해 점수가 깎였다면 부모가 개입하는 것이 합당하다. 또는 선생님에게 말대꾸를 하는 일이 잦다면 이 문제부터 시작하는 것이 좋다.

• 선생님이 하는 말을 참고한다. 같은 실수를 반복하거나, 실수가 두려워 시도조차 하지 않거나, 충분히 공부하지 않아서 또는 엉뚱한 범위를 공부해서 낮은 성적을 받거나, 보고서가 중간에 몇 장 빠져 있다거나, 더 잘할 수 있는 부분에서 성의 없는 결과물을 내놓는다거나 하는 여러 상황들은 가정통신문이나 학부모 면담을 통해 알 수 있다. 선생님이 이런 문제를 자주 언급한다면 부모가 개입할 필요가 있다.

• 자녀에 관한 객관적인 정보를 수집해 부모가 직접 판단해볼 필요가 있다. 우선 현재 자녀를 가장 힘들게 하는 상황이 무엇인지부터 파악해야 한다. 수업 진도를 따라가지 못하거나, 친구와 사이가 좋지 않거나, 선생님 또는 코치와 갈등이 있거나, 충동적인 결정 때문에 위기에 처한 상황이라면 당신은 이런 상황과 관련된 실행능력부터 다뤄야 한다. 자녀가 힘들어하는 상황들 가운데서도 가장 위험한 것부터 다뤄야 한다. 또한 장기적으로 봤을 때 자녀의 앞길에 가장 큰 영향을 미칠 만한 문제상황이 무엇인지 생각해봐야 한다. 다음과 같은 문장을 써보면 도움이 될 것이다. "내 아이가 고등학교를 졸업할 때쯤에는 ~할 수 있기를 바란다." 필자의 경우에는 아들이 고등학교에 갓 입학했을 때 이 문장을 써보면서 문제해결의 우선순위를 결정했다. 나는 아들이 과제를 제때 완수할 수 있게 돕기로 결정했는데, 이는 아들이 직장을 가진 후에도 반드시 필요한 능력이라고 생각했기 때문이다. 그 대신 엉망진창인 아들의 방에 대해서는 일단 참고 넘어가기로 했다. 정리정돈 문제는 다른 문제에 비하면 아들의 앞길에 큰 영향을 미칠 것 같지 않았기 때문이다.

이제 부모와 10대 자녀는 두 가지 가장 중요한 정보를 파악해야 한다. 취약한 실행능력과 문제상황이 무엇인지 파악한다. 자녀가 개선할 의지가 있는 취약한 실행능력과 이 취약성으로 인한 문제상황을 아래의 빈 칸에 적어보자.

• 취약한 실행능력 : ______________________________

문제상황 : ______________________________

• 취약한 실행능력 : ______________________________

문제상황 : ______________________________

2단계 : 목표 설정하기

앞서 살펴본 두 상황에 대한 목표를 적어보면 다음과 같다.

• 목표 : 제이크는 부모의 재촉 없이 제시간에 학교에 도착한다. 재촉이 전혀 없다는 것이 아니다. 필요할 경우는 예외로 해야 한다.

• 목표 : 맥신은 동생에게 목소리를 높이거나 심한 말을 쓰지 않고 대응한다.

행동이나 소리로 확인 가능해야 알기 쉬운 목표라고 할 수 있다. 위의 두 목표는 이 조건에 맞는다. 이제 당신이 파악한 문제상황에 대한 목표를 적어보자.

• 목표 : ______________________________

• 목표 : ______________________________

3단계 : 진척 과정을 확인하는 방식 정하기

부모가 파악한 문제상황이 고질적인 것이라면 목표를 이루기까지 시간이 걸릴 것이다. 따라서 중간 목표를 설정하거나 진척 과정을 확인하는 방식을 정할 필요가 있다.

자녀에게 진척 과정을 확인하는 방법으로 뭐가 좋을지 물어보자. 다음의 보기 가운데 자녀가 선택하게 하는 것도 좋다. 진척의 정도나 성공의 수준에 대해 당신과 자녀가 함께 정확히 정하는 것이 매우 중요하다. 다음은 활용할 수 있는 방법 두 가지다.

1. 행동을 셀 수 있는 방법을 찾는다.

• 과업이 시작되거나 완료되기까지 필요한 알림의 횟수

• 자녀가 어떤 일을 하겠다고 말한 시점부터 실제로 그 일을 시작할 때까지 걸리는 시간

• 자녀가 문제 행동이나 목표 행동을 하는 횟수(긍정적인 행동을 세는 것이 훨씬 나은 접근법이다)

• 시험공부, 과제, 집안일 등을 완료하는 데 걸리는 시간

위의 예 말고도 학교에 지각한 횟수, 제시간에 집을 나서기 위해 필요한 알림의 횟수, 동생과 말다툼한 횟수 등도 셀 수 있을 것이다. 이는 객관적인 자료로 활용할 수 있다. 그래프로 그리면 더 효과가 좋다. 실제로 아이에게 그래프를 직접 그려보게 하는 것만으로도 다른 인센티브

없이 큰 동기를 부여하는 경우를 자주 봤다.

2. 향상치를 계산하는 점수 체계를 만든다. 이를 위한 가장 간단한 방법은 기준을 만들어서 점수를 주는 것이다. 다음과 같은 5점 척도를 활용한다.

+2	+1	0	-1	-2
매우 향상되었다	다소 개선되었다	예전과 같다	다소 악화되었다	매우 악화되었다

이 체계를 활용하면 매일 하루 일과를 마친 후 자녀와 함께 점수를 매기고 이전과 어떻게 다른지 비교해볼 수 있다. 부모와 자녀의 점수가 차이를 보인다면 각자 자신의 점수를 뒷받침하는 자료를 보여주며 대화해보자. 전체 시간에서 80% 이상의 시간에 +1이나 +2를 줄 수 있을 때까지 계속 확인하며 목표를 이뤄가야 한다.

진척 과정을 확인하는 것이 귀찮아서 도중에 그만둘 수도 있다. 노력의 결과를 볼 수 없어서 개입하기를 포기하게 될지도 모른다. 그러나 위와 같이 행동을 세거나 점수를 매기면 포기하는 부모가 줄어들고 부모와 자녀가 함께 노력하게 된다. 자녀는 작은 점수라도 가시적인 성취라 느끼게 되고, 이는 아이의 발전에 원동력이 된다.

4단계 : 목표를 이루기 위한 계획 세우기

자녀의 문제상황에 대처하려면 최근에 방해가 된 것이 무엇인지 생각해보는 게 가장 좋다. 자녀에게 방해물이 되는 것이 무엇인지 물어보자. 아이가 대답하지 못한다면 당신의 생각을 말해줘도 좋다.

늘 학교에 지각하는 제이크의 경우에는 늦은 시간까지 온라인게임을 하는 것, 알람을 듣고도 계속 자는 것, 집을 나서기 전까지 등교 준비를 마치지 못하는 것, 등교 준비 중에 딴 데 정신이 팔리는 것, 전날 밤에 할 일을 그날 아침에 급히 하는 것 등이 방해물이다. 방해물이 무엇인지에 따라 계획을 세워야 한다.

맥신의 경우에는 다른 접근법이 필요할 것이다. 반응억제, 감정조절, 융통성이 취약한 경우에는 다음과 같은 접근법을 권한다.

• 문제 행동을 촉발시키는 계기가 무엇인지 파악한다. 문제 행동이 있기 직전에 어떤 일이 있었는지 알아보는 것이다. 맥신의 경우에는 동생이 말도 없이 자기 물건을 가져가는 것이 계기였다. 맥신의 화를 돋우는 동생의 행동이 더 있을 수 있다.

• 하면 안 되는 것을 정한다. 이는 어떤 반응을 제한할지 결정하는 것이다. 맥신의 경우 소리 지르기, 욕하기, 신체적으로 위협하기 등을 해서는 안 된다.

• 대처 전략 또는 대체할 행동을 적어본다. 맥신이 폭발하지 않고 할 수 있는 행동은 무엇일까? 소리 지르기 전에 50까지 세어본다거나, 부모에게 불만사항을 적어 보여주거나, 잠시 밖에 나가 걸으면서 머리를 식히는 등의 방법이 있다.

각 단계를 자녀가 주도적으로 이끌어가게 해야 한다. 자녀에게 무엇이 문제 행동을 촉발시키는지, 하면 안 되는 행동은 무엇으로 정할지, 대처 전략이나 대체 행동으로 무엇이 좋을지 물어보자. 물론 부모가 제안해도 좋다. 특히 자녀가 마땅한 생각을 떠올리지 못할 때는 적절한 제안을 한다. 하지만 자녀가 제안을 많이 할수록 더 좋은 계획을 세울 수 있다. 우리의 목표는 자녀의 실행능력을 키워주는 것임을 기억하자.

5단계 : 체크리스트나 알림 목록을 활용하여 계획의 성공 여부 확인하기

이 단계에서는 자녀가 계획을 상기하도록 도와줄 체크리스트를 만든다. 종이 한 장에 모든 내용이 들어가게 하되 장황하고 난해하지 않게 만든다. 제이크의 체크리스트는 아래와 같이 만들 수 있다. 맥신을 위해서도 다음과 같이 적어볼 수 있다.

1. 기술의 이점 활용하기

전자기기를 활용하는 것도 유용한 방법이다. 눈에 잘 띄는 곳에 종이로 된 체크리스트를 붙여둘 경우 자칫하면 무용지물이 될 수 있다. 10대에게 더 익숙한 스마트폰이나 컴퓨터를 이용해 알려주면 효과가 좋다. 컴퓨터에는 다양한 메모 기능이 있어서 사용자가 컴퓨터를 켜거나 다른 화면으로 넘어갈 때마다 알려주게 설정할 수도 있다.

제시간에 등교 준비를 하기 위한 제이크의 체크리스트

	전날 밤
	과제물 전부 가방에 챙겨 넣기
	체육복, 부모동의서 등 준비물 가방에 챙겨 넣기
	내일 입을 옷 준비해두기
	알람 설정하기
	22시 30분까지 불 끄기
	아침
	알람이 두 번 이상 울리기 전에 침대에서 나오기
	5분 안에 샤워하기
	옷 입기
	아침 식사하기
	양치질하기
	6시 30분까지 등교 준비 마치기

맥신의 감정조절 계획

촉발 요인

- 동생이 허락 없이 물건을 가져가는 것
- 동생의 기분 나쁜 말들

하면 안 되는 것

- 동생에게 소리 지르기
- 상스러운 말 사용하기

대처 전략 / 대체 행동

- 반응하기 전에 50까지 세기
- 불만사항을 글로 적어보기
- 잠시 밖에 나가 걷기

성공(대처 전략을 성공적으로 사용할 때마다 횟수 표시하기)

2. 자녀에게 도움이 필요한지 물어보기

부모의 역할이 무엇일지 먼저 생각해봐야 한다. 잔소리에 들들 볶이는 것을 싫어하는 자녀라도 부모의 도움을 기꺼이 받아들이는 경우가 종종 있다. 제이크의 경우라면 아버지에게 전날 밤에 할 일에 대해 알려달라고 부탁할 수도 있다. 부모가 도와야 할 것은 알림 목록에 구체적으로 적어 놓는다.

3. 계획 재검토하기

계획을 다 적은 다음에는 부족한 것이 없는지 부모와 자녀가 함께 주의 깊게 읽어본다. 불분명하거나 오해의 소지가 있는 부분은 없는가? 자녀가 계획에 따르면서 오용하게 될 만한 허술한 구석은 없는가? 혹시 그런 부분이 있다면 이 단계를 마치기 전에 수정하자.

6단계 : 시범운영 기간 정하기

계획이 완성되고 부모와 자녀가 합의한 후에는 얼마큼의 시범운영 기간이 필요한지 정해야 한다. 소홀한 부분이 있다면 언제든지 보완해야 하므로 그전에 시험 삼아 계획을 실행해보는 것이 필요하다. 계획에 따라 다를 수 있지만 시범운영 기간은 1~3주 정도가 적당하다. 시범운영 기간은 계획의 실효성을 볼 수 있을 만큼 길어야겠지만, 계획이 잘 지켜지지 않아 실패할 정도로 길어서는 곤란하다. 시범운영 기간의 결과에 따라 효과적인 계획인지 검토해보자.

7단계 : 계획 실행하기

이 단계에서 부모는 조바심을 내기 쉽다. 자녀가 계획대로 잘 따르지 못할 것이라 지레짐작하게 된다. 그렇다고 부모가 도와주기로 정한 것 이상을 하려 들면 안 된다. 제이크의 경우 아버지가 저녁 10시에 딱 한 번 제이크를 위해 확인해주기로 정했으므로 그 이상 확인하려 들면 안 된다.

8단계 : 계획 검토하고 필요하면 수정하기

계획의 실효성에 대해 부모와 자녀의 의견이 다를 수 있다. 이럴 때는 객관적인 수치와 협의한 기준을 가지고 논의해야 한다. 제이크의 경우 부모가 아침에 여전히 잔소리를 하고 있으니 계획한 것과 다르다고 느낄 수 있다. 반면 제이크의 부모는 제이크가 알람이 두세 번이나 울려도 무시하고 부모가 나서야만 일어난다고 느낄 수 있다. 세세한 것에 너무 신경 쓰지 말고 실제로 전체 계획이 잘 진행되는지를 봐야 한다. 각자 역할과 임무에 대해 약간의 변화나 수정이 필요할 수 있다.

문제를 다룰 마음이 없는 10대를 위한 전략

앞의 내용을 읽으면서 '그렇게만 된다면 얼마나 좋겠어.' 하는 생각이 들었다면 당신은 우리가 만난 부모 가운데 대부분이 속하는, 즉 10대 자녀가 앞에서 말한 25%가 아니라 75%에 속하는 경우일 것이다. 이들은 설득하거나 열심히 구슬려야 실행능력을 배우기 위한 과정에 참여한다. 이런 아이들은 문제가 있다는 것을 알지만 해결할 수 있다고 하거나, 자기가 알아서 해결하겠다고 하거나, 아니면 자신에게 별 문제가 없다고 생각하고 "걱정 마세요. 문제가 있다 해도 제가 다 알아서 해요."라며 부모 말을 싹 무시한다. 이럴 때는 부모의 목표는 잠시 제쳐두고 자녀가 즉각적으로 관심을 보일 만한 것을 놓고 함께 계획을 세워 실행능력을 기르는 편이 낫다.

우선 자녀가 원하는 것부터 시작한다. 아이가 방과 후 아르바이트를 하는 것에 관심이 있다면 부모는 이를 허락하는 조건으로 자녀에게 대학 진학 계획을 세우게 할 수 있다. 하지만 자녀가 대학 진학 계획을 세우기 위해 노력을 기울일 것 같진 않다. 그러므로 오히려 아이가 아르바이트 자리를 구하는 데 필요한 각 단계를 그려보게 함으로써 계획 능력을 키워주는 편이 훨씬 효과적이다. 계획 능력은 자녀의 앞길, 특히 대학 진학을 위해 반드시 필요한 능력이기도 하다.

1단계 : 아이가 이루고자 하는 목표 파악하기

자녀와 목표에 대해 이야기해보자. 고등학교 3학년 학생과 1, 2학년 학생은 입장이 아주 다르다. 그러므로 자녀의 발달 단계에 맞게 목표를 단기 목표로 할지 장기 목표로 할지 정해야 한다. 자녀가 고등학교를 졸업한 후에 무엇을 하고 싶어 하는가? 대학 진학? 입대? 독립?

자녀가 목표를 이루는 과정에 부모가 도와야 하는 부분이 있는가? 그 부분을 도울 수 있을지 없을지를 명확하게 해야 한다. 예를 들어 독립을 앞두고 집을 구해야 하는 자녀가 일자리를 알아보는 동안에 부모가 집세를 대신 내주기를 바랄 경우, 그럴 형편이 안 된다면 이를 자녀에게 분명히 알려줘야 한다. 그럼에도 자녀가 독립을 원한다면 그 비용을 모으기 위해 아르바이트를 구하는 방법을 알려준다. 아르바이트 자리를 찾고 꾸준히 일을 하는 것은 실행능력을 기르는 좋은 방법이 된다. 이때 자녀가 하는 일을 두고 확인하거나 교정하는 말을 해서 갈등을 일으키지 않도록 조심하자.

부모의 목표가 아닌 자녀의 목표부터 시작하는 것이 답답하거나 걱정될 수도 있다. 특히 부모와 자녀의 생각이 크게 차이 날 때는 더욱 그렇다. 아이들을 훨씬 성숙하고 현명하게 앞을 내다보도록 만들어주는 마법이 있다면 얼마나 좋겠는가! 그러나 마법은 없다. 본인이 원하는 목표를 성취하는 과정을 통해 앞으로 필요한 실행능력을 가르칠 수밖에 없다. 예를 들어 부모의 목표는 자녀가 평균 B^{+}를 받는 것인 반면, 자녀의 목표는 D나 F만 받지 말자는 것일 수 있다. 만약 자녀가 정말 D나 F를 받고 있다면 C를 받을 만큼 실행능력을 개선해야 한다. 자녀가 C를 받는 데 성공한다면 목표를 세우고 성취하는 것을 배운 것이다. 그 성공을 발판으로 삼아 다음번에는 더 어려운 목표를 세우게 될 것이다.

자녀가 현재 무언가를 목표로 삼아 노력하고 있다면 어떤 일이 있어도 재를 뿌리지 마라. 이러쿵저러쿵 지적을 하면 자녀는 자신감을 잃게 된다. 이 과정의 목표는 자녀가 자신의 미숙함을 깨닫게 만드는 것이 아니다. 실제로 부모가 그것을 원한다 해도 말이다.

또한 자녀의 기대치가 얼마나 비현실적인지를 지적하는 일도 피해야 한다. 자녀가 희망하는 직업이 너무 수준 높다고 해도 직접 부딪치고 좌절하는 편이 아무것도 안 하는 것보다 낫다. 값진 교훈을 얻는 데는 현실이 부모보다 더 나은 스승이다. 다만 좌절을 겪은 자녀에게는 부모의 도움이 필요하다는 것을 잊지 말자.

• 부모라면 쉽게 빠지는 함정 피하기

자녀가 실패할 것이 뻔한 결정을 할 때 튀어나오는 반응을 참기란 쉽지 않다. 아니면 '아이가 그토록 원한다면 스스로 해낼 수 있을 거야. 실패한다면 그건 아이에게 별로 중요하지 않은 일인거지.'라고 생각하기 쉽다. 부모의 이런 생각은 실행능력이 취약한 10대에게 도움이 되지 않는다. 이들이 목표를 이루는 데 필요한 것은 도움과 감독이다.

부모가 피해야 하는 또 다른 반응은 "네가 혼자서 해내고 싶다면 어디 한번 해봐라. 그래야 얼마나 어려운지 알게 될 테니." 또는 "나중에 혼자서는 못하겠다고 울면서 찾아올 생각일랑 마라." 같은 것이다. 이런 말은 자녀의 실행능력을 키워주려고 하는 말이 아니라, 자녀의 선택이 얼마나 부적절한지를 일깨우려고 하거나 부모의 통제를 유지하려고 하는 말이다. 그렇기 때문에 오히려 부모와 자녀 간의 갈등만 커진다. 부모는 자녀가 실행능력을 배울 정도만 도우면 된다.

2단계 : 목표를 이루기 위한 계획 세우기

이 단계는 앞서 살펴본 4단계와 비슷하다. 하지만 여기서는 목표를 자녀가 원하는 것으로 정했기 때문에 계획도 자녀가 주도해서 짜야 한다. 자녀가 어디서부터 시작해야 할지 모를 때는 필수적으로 생각해야 할 것들을 알려주는 것이 좋다. 하지만 자녀의 목표가 실행능력 개발과 거의 무관하거나 자녀에게 실행능력을 키울 의지가 전혀 없다면 어떻게 해야 할까?

우리는 임상실습 중에 조이라는 17살 된 아이를 만났다. 조이는 매우 똑똑하지만 자기 능력 이하의 결과를 내는 아이였다. 부모는 자녀의 성적이 '보통' 수준이어서 좋은 대학에 가지 못할까 봐 걱정하고 있었다. 조이는 과제 제출 기한을 놓치거나 시험공부를 충분히 하지 않아서 낮은 성적을 받았다. 조이의 부모는 아이가 시간을 좀 더 잘 관리하고 활용하길 바랐다.

안타깝게도 조이는 이런 목표에 전혀 관심이 없었다. 그래서 우리는 조이의 부모와 함께 실행능력을 키워줄 수 있는 창의적인 방법을 찾아봤다. 조이는 값비싼 스키 장비를 갖고 싶어 하는 스키 마니아였다. 조이는 스키 장비를 갖기 위해서라면 부모가 목표한 것을 이루기 위해 기꺼이 노력할 아이였다.

우리는 B^- 이상의 성적을 받거나, 시험 점수가 오르거나, 과제를 제때 제출할 때마다 '포인트'를 줬다. 실제로 준 것은 돈이었지만 우리의 체계가 돈벌이처럼 보이지 않도록 하기 위해 포인트라는 말을 사용했다. 우리는 이 계획을 조이가 '스키 장비 장만'이라는 목표를 이룰 수 있게 거의 한 학년이 끝날 때까지 활용했다.

장기적인 목표를 위해 돈을 모으는 과정에서 조이는 반응억제를 배웠고 용돈관리에 필요한 실행능력을 기를 수 있었다. 그뿐 아니라 조이는 부모가 목표한 실행능력 외의 다른 것도 연습하게 되었다. 자신이 원하는 바를 얻으려면 성적을 올려야 했기 때문에 보다 효과적인 학습법을 배우게 되었다. 우리는 조이가 더 높은 성적을 얻을수록 더 많은 포인트를 줬다. 조이는 과제 제출을 제때 하게 되었을 뿐 아니라 학습 전략을 익히기 위해 시간을 더 신중하게 사용하는 능력까지 얻을 수 있었다. 조이의 부모님은 바라던 바를 이뤘고, 조이도 원하던 스키 장비를 손에 넣었다.

10대의 마음을 움직이는 인센티브는 실행능력을 배우게 하는 '당근' 역할을 한다. 그리고 조이의 경우에서 보듯이 추가의 이득까지 얻게 해준다. 하지만 이런 계획은 10대가 취약한 실행능력을 개선하기 위해 진심으로 노력할 수 있도록 설계해야 한다.

일상 활동을 통해 실행능력 가르치기

자녀가 독립적인 성인으로 성장하기 위해 필요한 능력은 무엇일까? 내 아들은 19살 때 보스턴에 아파트를 구해 살았다. 어느 날, 아들이 전화를 걸어 자기가 무척 좋아하는 닭 요리법을 물어본 적이 있었다. 나중에 요리가 어땠는지 물어보자 아들은 상한 닭으로 요리를 하는 바람에 먹지 못하고 버렸다고 했다. 그제야 나는 여태껏 음식의 부패나 유통기한에 대해 아들에게 알려준 적이 없었다는 것을 깨달았다.

일상 활동을 통해 실행능력을 길러주면 독립심의 바탕이 되어 부모와 자녀 모두가 특별한 자신감을 느끼게 된다. 그렇다면 어떤 일상 활동을 통해 실행능력을 길러주는 것이 좋을까? 목표로 삼을 일상 활동을 정할 때는 부모와 자녀의 공통 관심사를 찾아보자. 용돈관리를 예로 들 수 있다. 자녀는 쓸 돈이 필요하고, 부모는 자녀가 돈을 책임감 있게 쓰는 법을 배우길 바란다. 용돈관리는 부모와 자녀 모두의 관심사다.

여기에서는 일상 활동에서 어떤 실행능력을 키울 수 있는지, 실행능력을 어떻게 가르칠 수 있을지 살펴보려고 한다. 다음에 나오는 내용을 읽으면서 일상 활동에서 실행능력을 가르칠 수 있는 다른 여러 방법들을 생각해볼 수도 있다. 실제 일상생활에서 실행능력을 발달시킬 수 있는 기회들은 더 많다는 것을 기억하자.

금전관리

돈을 어떻게 벌고 모으고 쓸지를 배우는 것은 10대의 성장 과정에서 매우 중요하며 독립에 반드시 필요한 부분이다. 소비자 중심의 세상에서 효율적인 금전관리는 아주 중요한 능력이다. 금전관리는 다음과 같이 세 부분으로 나뉜다.

• 금전관리의 분류

수입과 운용

10대는 정기적인 용돈이나 생일·명절 때 받는 돈, 아르바이트를 통해 수입을 얻는다. 이 돈을 어떻게 관리할지 알아야 한다. 현금, 적금, 예금, 체크카드 등 여러 방법으로 수입을 다룰 수 있다.

예산(자녀 자신의 예산과 가계 예산)

옷을 사거나 취미 생활을 하는 데 들어가는 아이 자신의 예산을 세워 보게 하고, 가계 예산(생활비 등)을 세울 때 자녀와 함께한다. 이때 자녀가 가계 예산에 대한 정보를 안전하게 처리할 수 있는지 고려한다. 잘못하면 SNS에 가계 예산 정보가 돌아다닐 수도 있다.

지출

물건의 가격이나 품질을 비교해서 구매하는 방법과 가계 예산을 절약하는 방법을 가르쳐야 한다.

금전관리와 관련된 실행능력

- 반응억제
- 정리와 체계화
- 계획·우선순위 결정력
- 목표지향적 인내심

1. 10대가 처한 상황

10대에게 금전관리를 가르치는 과정은 그리 어렵지 않다. 자녀에게 용돈은 강화물의 역할도 하고, 독립의 바탕도 되기 때문이다. 방과 후 특별활동으로 바쁜 학기 중에 금전관리를 가르치는 것은 현실적으로 어렵다. 이런 경우라면 일정 기간 동안 쓸 용돈을 한꺼번에 줄 것인지 아니면 필요할 때마다 줄 것인지를 정한다.

스스로 아르바이트를 해서 돈을 관리하는 자녀라면 부모의 개입을 거부할 것이다. 그렇다면 자녀에게 자신의 생활과 직접 관련된 비용(통신비, 교통비, 의류비 등)을 일부 지불하게 한다. 이는 반응억제가 어렵거나 충동구매를 하는 자녀에게 특히 필요하다. 금전관리를 위한 인센티브를 정하는 것도 효과적이다.

2. 부모의 역할

부모는 금전과 그 밖의 지원들을 얼마나 어떻게 제공할지 결정해야 한다. 그리고 자녀의 요구가 달라지면 그 결정을 변경해야 한다. 10대 자녀는 부모에게 지원받는 일을 당연하게 여기기 쉬워서 부모가 한계를 정하려 할 때 갈등이 일어난다. 하지만 이런 한계 설정은 자녀가 대학에 진학하거나 성인이 되는 과정에서 매우 중요하고 앞으로도 계속 필요하다.

3. 진행 과정

자녀가 용돈으로만 생활하는 경우에는 얼마나 줄지, 그에 따른 자녀의 책임은 무엇인지 결정해야 한다. 자녀가 아르바이트를 하는 경우에는 생활에 드는 비용 가운데 얼마큼을 자녀에게 부담시킬지 논의해야 한다.

금전관리는 매우 중요하다. 자녀가 현금만 사용하는지, 적금이나 예금 계좌를 사용하는지, 아니면 체크카드를 사용하는지에 따라 각기 다른 관리 방법이 필요하다. 자녀와 함께 은행이나 카드사 담당자를 만나 다양한 금전관리 방식에 대해 이야기를 나눠보자. 다양한 체크카드 정보를 얻을 수 있는 인터넷 사이트들도 많이 있으니 참고하면 좋다.

부모가 한 달에 한 번씩 용돈을 줘서 자녀에게 예산 짜는 법을 가르쳐 줄 수도 있다. 하지만 이런 방법은 돈을 절약할 줄 아는 자녀에게나 권할 수 있는 방법이다. 또한 부모는 가계 지출에서 자녀가 소비하는 구체적인 내역(통신비, 교통비, 학원비, 식비, 의류비 등)을 알려주거나, 나아가 가계 예산의 대강을 알려줄 수도 있다.

자녀가 원하는 물건(휴대전화, 옷 등)의 가격을 비교해보게 해서 현명한 소비를 가르칠 수도 있다. 또는 가족의 물품(TV, 컴퓨터 등)을 구입할 때도 같은 방법을 쓸 수 있다. 자녀가 가장 저렴하게 구입하는 방법을 찾아내면 거기서 절약된 금액을 자녀에게 주는 방법도 좋다. 자녀가 전기 사용을 자제해서 전기료를 아꼈다면 요금의 차액을 자녀에게 주는 방법도 있다.

4. 도움 줄여가기

자녀가 용돈만으로 생활하든 스스로 벌어서 생활하든 부모의 도움을 줄여나가는 것이 중요하다. 용돈을 주는 간격을 2주 또는 한 달로 늘려가며 자녀가 스스로 용돈을 관리해볼 기회를 준다.

약속

10대는 매일매일 수많은 약속을 한다. 진료 예약, 구직 면접, 선생님과의 면담이나 친구 만나기 등 무척 다양하다. 10대는 혼자 또는 부모와 함께 어떤 약속을 언제 잡을지 결정해야 한다. 약속과 관련된 정보를 적어두거나 기억하고 약속은 반드시 지켜야 한다.

약속과 관련된 실행능력

- 작업기억
- 과제착수
- 계획·우선순위 결정력
- 시간관리

1. 10대가 처한 상황

자녀는 약속을 달갑지 않은 집안일이라고 느끼거나 이 일을 어떻게 해야 하는지 잘 모르는 경우가 많다. 자녀가 약속을 정하고 지키는 데는 부모의 도움이 필요할 수 있다.

2. 부모의 역할

자녀는 치과 진료를 예약해놓고 나타나지 않거나 진학 상담을 받기로 한 것을 잊어버리기도 한다. 부모는 약속을 어길 때 발생할 정신적·물질적 손해에 대해 알고 있지만 자녀는 잘 모를 수 있다. 자녀에게는 안전망이 필요하다.

3. 진행 과정

자녀가 원하는 활동과 지켜야 할 약속을 연결시켜놓는 것이 좋다. 예를 들어 운동을 좋아하는 자녀라면 운동 시간을 정하게 하고 그 후에 진료 예약을 잡게 한다. 또한 약속이 왜 중요한지 자녀와 이야기하고 자녀가 이 약속에서 고려해야 할 부분이 뭔지 짚어준다. 그날에 다른 스케줄은 어떤지, 누구에게 연락해야 하는지, 전화를 걸어서 해야 할 말들은 대강 어떤 것일지 미리 생각해두라고 한다. 초기에는 자녀가 약속에 대한 정보를 제대로 기록하는지 부모가 곁에서 확인해야 한다. 통화가 끝나거나 이메일을 받은 후에 바로 약속 날짜와 시간, 장소를 일정표에 적어야 한다. 10대들은 주로 휴대전화의 스케줄 기능을 활용한다. 부모는 만약의 상황을 대비해 자녀의 일정을 기록해둠으로써 안전망 역할을 한다.

또한 자녀에게 알람 기능을 활용하라고 가르칠 수 있다. 약속을 자꾸만 잊어버리는 필자의 아들은 한 가지 약속에 대해 한 번도 모자라 세 번의 알람을 설정해두기도 한다. 첫 번째 알람은 약속 일주일 전에 울리게 하고, 두 번째 알람은 하루나 이틀 전에, 세 번째 알람은 약속 시간 몇 시간 전에 울리게 해두는 것이다.

4. 도움 줄여가기

자녀가 부모와 같은 수준으로 약속을 정하고 지킬 수는 없다 보니 꽤 오랜 기간 동안 약속과 관련된 진행 과정을 도와야 할 것이다. 부모는 자녀의 부족한 능력이 초래할 문제들을 쉽게 예상할 수 있다. 그러나 우리의 목표는 10대 자녀가 스스로 약속을 세우고 지키게 하는 것이므로 자녀의 실행능력이 어느 수준까지 이르렀다면 도움을 줄여간다.

학교 문제

자녀의 취약한 실행능력이 그 어디에서보다도 분명하게 드러나는 곳이 학교다. 숙제를 잊거나, 학교에 항상 지각하거나, 장기 보고서 과제를 완성하지 못하거나, 시험에 제대로 대비하지 못하는 것처럼 여러 모습으로 나타난다. 학교는 모든 실행능력이 통합적으로 발휘되는 환경이기 때문이다. 자녀에게 학교 문제가 생기면 자녀와 함께 문제들을 나열하고 그에 대한 계획을 세우는 것이 중요하다. 실행능력이 취약한 10대는 작은 문제를 눈덩이처럼 불려서 크게 만드는 경우가 잦다. 그렇기 때문에 문제의 징후가 보이면 바로 그 문제를 다룰 계획을 짜는 것이 중요하다.

학교 문제와 관련된 실행능력

- 11가지 실행능력 모두가 단독으로 또는 복합적으로 관련되어 있다.

1. 10대가 처한 상황

실행능력에 심각한 문제가 있는 학생은 고등학교에 진학하면서 학교 문제를 경험하게 되고 자신이 어른들의 기대에 부응하지 못한다는 느낌을 받는다. 청소년기에 학교 문제가 발생하면 자녀는 독립적으로 생활하기가 어려워질 것이라고 느낀다. 그래서 부모에게 학교 문제를 알려주기를 꺼려할 수 있다.

2. 부모의 역할

부모가 자녀의 학교생활에 대해서 알려고 하는 것은 당연하다. 하지만 초등학생 때처럼 문제상황을 해결해주면 자녀는 실행능력을 키울 기회를 놓쳐버린다. 이럴 때 부모는 자녀가 선생님과 함께 자주적으로 문제를 해결하도록 간접적으로 참여하는 것이 바람직하다.

3. 진행 과정

10대는 학교 문제로 곤경에 처하기 쉽고 거기에서 빨리 헤어나지 못할 수 있기 때문에 자녀의 학교생활에 대해 잘 파악해야 한다. 이전에 학교 문제를 겪은 적이 있는 자녀에게는 또다시 문제를 겪게 되면 주변에 그 사실을 어떻게 전해야 하는지 방법을 알려주는 것이 좋다. 선생님이나 상담사를 만나서 문제해결 계획을 세울 때는 자녀가 주도적으로 진행하도록 하는 것이 가장 중요하다. 이를 통해 자녀는 독립심과 책임감, 공적인 관계에 대한 관념을 키우게 되며, 이는 대학이나 직장에서도 요긴하게 쓰이는 중요한 능력이다.

만약 자녀의 성적이 떨어지는 것을 알게 되었다면 자녀에게 이 문제로 선생님과 만난 적이 있는지 물어본다. 그런 적이 없다고 하면 선생님을 만나서 함께 문제를 해결하고 결과를 부모에게 알려달라고 일러준다. 자녀에게 '이틀 내로 선생님을 만나서, 또는 전화 통화를 하거나 이메일로 문제상황을 설명하고 이를 해결하기 위한 계획을 논의한다'와 같이 정확한 행동 계획을 잡게 한다. 그 후에 계획을 잘 따르고 있는지도 확인해본다. 10대들은 실제로는 계획을 제대로 따르지 못하면서 말로는 그렇다고 할 때가 많기 때문이다.

4. 도움 줄여가기

대학에 진학한 후에도 부모가 계속 학교생활을 감독해야 하는 경우가 있다. 문제가 발생하면 자녀가 잘 해결하고 있는지 확인해야 한다. 특히 부모가 등록금을 대주는 경우라면 자녀의 취약한 실행능력을 계속해서 감독해야 할 것이다. 실행능력이 취약한 10대가 대학에 진학하면 부모의 도움이 갑자기 사라져서 커다란 위기에 처하는 경우가 많다. 등록금만이 문제가 아니다. 신입생 때 성공적으로 학교생활을 해내지 못하면 심각한 심리적 변화를 겪게 되기도 한다. 그러므로 부모는 자녀의 성공을 위해 지속적으로 학교생활을 감독해야 한다.

집안일

많은 10대들이 청소기를 돌리거나, 설거지를 하거나, 세탁을 하거나, 애완동물의 밥을 챙겨주거나, 장을 보는 것과 같은 자잘한 집안일을 어려워한다. 성인이 되어서도 집안일을 잘 해내지 못하면, 돼지우리 같은 집에서 살며 더러운 옷을 입고 외식을 하게 될 것이다.

집안일과 관련된 실행능력

- 지속적 주의력
- 과제착수
- 계획·우선순위 결정력
- 정리와 체계화
- 시간관리
- 목표지향적 인내심

1. 10대가 처한 상황

뒤늦게 자녀에게 집안일을 시키는 경우라면 자녀의 저항에 부딪힐 게 뻔하다. 이런 저항을 줄이려면 자녀의 일상과 관련 있고 성인이 되어서도 꼭 필요한 일들인 세탁, 장보기, 요리하기, 애완동물 돌보기, 화장실 청소하기 등과 같은 일들부터 시켜보는 것이 좋다.

또한 힘이 안 드는 일부터 시작해서 점차 노력이 필요한 순으로 진행해야 한다. 자녀에게 각 집안일의 점수를 1~10점(1점이 가장 쉬운 일이고, 10점이 가장 힘든 일이다)까지 매겨보게 하고 가장 쉬운 일부터 맡긴다.

그래도 자녀가 저항하면 집안일을 할 때 용돈을 주거나 원하는 활동을 허락해주는 방법을 써보자. 가족이 다 함께 집안일을 하는 시간을 정하는 것도 좋다.

2. 부모의 역할

자녀가 집안일을 제대로 마치지 않았거나 부모의 기대만큼 훌륭히 해내지 않았을 때 주로 갈등이 생긴다. 이럴 때에 대비해 자녀가 집안일을 마치지 않으면 어떤 조치를 취할지 미리 논의할 필요가 있다. 집안일을 마쳤을 때만 자녀가 원하는 활동을 허락한다. 집안일을 마치지 못했을 때 자녀의 자유를 제한하면 자녀가 집안일을 잘 완수할 것이다.

3. 진행 과정

자녀의 현재 생활이나 향후 독립과 관련된 일부터 시키는 것이 좋다. 그리고 집안일을 돕는 것이 행복한 가정을 만드는 데 기여하는 방법임을 자녀가 알게 한다. 노력에 대해서는 칭찬을 아끼지 말고, 필요하다면 용돈이나 선물과 같은 보상을 주는 것도 나쁘지 않다. 집안일을 배우는 것은 점진적인 과정이다. 또한 집안일을 하는 스타일이 부모와 다를 수 있다. 자녀가 주어진 일을 해내려고 노력하거나 부모의 기준에 맞추기 위해 애쓴다면 이것만으로도 충분한 진척을 보인 것이라고 할 수 있다.

4. 도움 줄여가기

잔소리를 하지 않아도 맡겨진 집안일을 마치고 새로운 집안일도 아무런 문제없이 잘 완수한다면 도움을 줄여도 된다.

아침에 준비하기

자녀가 아침식사 도중에도 물건을 챙기느라 정신없이 왔다 갔다 하고, 영하의 추위에도 장갑이나 모자를 챙기지 않고 나서는 모습을 보면 속이 터지다 못해 화가 난다. 자녀가 아동기에서 청소년기로 옮겨가는 시기에 이러한 광경을 수없이 봤을 것이다. 무엇보다 답답한 건 본인이 몇 시에 일어나야 하는지, 무엇을 준비해야 하는지, 학교에 가져갈 준비물은 무엇인지 잘 알고 있다는 점이다. 그러나 10대가 알고 있는 것과 실제로 행동하는 것 사이에는 괴리가 있다. 제시간에 일어나서 준비를 마치는 것은 학교생활을 위해 반드시 필요한 것이며 이후 사회생활에서도 매우 중요하다. 그렇기 때문에 자녀가 이 문제를 반복해서 겪는다면 개선할 수 있도록 도와야 한다.

아침에 준비하기와 관련된 실행능력

- 과제착수
- 계획·우선순위 결정력
- 정리와 체계화
- 목표지향적 인내심
- 시간관리

1. 10대가 처한 상황

10대 자녀는 아침에 일어날 때와 학교 갈 준비를 할 때 수많은 장벽에 부딪힌다. 먼저 청소년기에는 생물학적·사회적 요인으로 수면 패턴이 변화된다. 10대의 '신체적 시계'는 밤늦게까지 작동하지만 대부분의 학교 수업은 이런 신체적 변화와 상관없이 이른 시간에 시작한다. 그 결과 수면 시간이 줄어들어 아침에 일어나는 것이 힘들어지고 쉽게 짜증을 내게 된다. 더욱이 학교는 자녀들이 원해서 가는 것이 아니다. 그러다 보니 아침 기상과 등교 준비는 더 힘들어진다. 게다가 10대들은 마음만 먹으면 제시간에 준비를 마칠 수 있을 거라는 착각을 한다. 하지만 수면 부족으로 인한 여러 요소들이 작업기억과 지속적 주의력 같은 실행능력을 방해해서 준비가 생각보다 더뎌진다.

2. 부모의 역할

한 부모 가정 또는 맞벌이 부부거나 돌봐야 하는 자녀가 여러 명인 가정에서 아침은 스트레스가 심한 시간이다. 아침을 힘들어하는 10대 자녀를 둔 부모의 스트레스는 이만저만이 아니다. 부모는 자녀가 늦게 일어나 제시간에 준비를 마치지 못하면 자신의 일과에도 지장을 주기 때문에 더 걱정한다.

3. 진행 과정

자녀가 아침에 스스로 일어나게 하는 것이 중요하다. 자녀에게 알람의 방식을 고르게 하자. 어떤 아이는 알람을 조금 일찍 맞춰두고 여러 번에 걸쳐 울리게 하는 편이 도움이 되고, 어떤 아이는 딱 제시간에 알람을 맞춰두는 것이 도움이 된다. 자녀가 제시간에 일어나지 못할 경우를 대비해 계획을 세워두는 것도 좋다.

아침에 제때 일어나는 것도 중요하지만 결과적으로 자녀가 학교에 늦지 않는 것이 중요하다. 제시간에 일어났지만 준비하는 과정이 두서없어서 지각을 한다면 자녀에게 지각 횟수를 보여주고 해결책을 물어보는 것이 좋다. 대부분의 학교에서는 지각에 대해 벌점을 주므로 이를 활용할 수도 있다. 보상을 주는 것도 자녀의 아침 준비를 돕는 방법이 될 수 있다. 학교에 제시간에 도착하는 날이 늘어나면 용돈을 주는 것도 좋다. 자녀가 준비물을 자꾸 잊어버려서 선생님으로부터 이에 대한 피드백을 듣거나 부모에게 두고 온 물건을 가져다 달라고 전화하는 습관이 있다면, 자녀에게 준비물 체크리스트를 만들게 해서 필요한 물건들을 전날 밤에 챙겨두게 한다. 준비물을 챙겨가지 못하는 날이 계속된다면 집을 나서기 전에 필요한 물건을 모두 챙겼는지 물어보는 것이 좋다.

4. 도움 줄여가기

한 학기 동안 스스로 일어나고, 지각 횟수가 거의 없고, 두고 온 물건을 가져다 달라고 전화하는 일이 없었다면 능력을 충분히 갖췄다고 봐도 된다. 자녀가 특정 기간 내에 진척을 보이면 부모가 확인하는 횟수를 점점 줄여 없애가는 것이 좋다.

3장

실행능력을 기르기 위한
아이별 맞춤 솔루션

8

성공을 위한 5가지 전략

3장에서는 앞서 말한 11개의 실행능력을 기르는 구체적인 계획을 세워볼 것이다. 각 장마다 부모들이 자주 묻는 질문과 그에 대한 답변도 실어놓았다.

각각의 실행능력을 다루기 전에 이 과정을 보다 성공적으로 마치도록 도와주는 다섯 가지 전략들을 알아보자.

1. 자녀의 성공을 위해 최소한의 도움을 준다

앞으로 나올 장들에서 부모가 자녀의 실행능력을 키워주기 위해 무엇을 해야 할지 다양한 방법을 알려줄 것이다. 그렇다면 자녀를 얼마나 도와줘야 할까? 도움을 가장 적게 주는 것이 좋다. 자녀가 문제해결자가 되고 의사결정자가 되어야 한다. 대부분의 경우 자녀는 부모의 도움을 달가워하지 않는다. 부모도 자녀가 부모에게 최대한 적게 의존하길 바란다. 부모는 자녀에게 진정으로 필요한 도움은 얼마큼이고 자녀를 의존적으로 만드는 도움은 어느 정도인지 알아야 한다. 다음의 도움말을 보자.

• 단순한 환경 변화로도 효과가 있다면 이 방법을 써보자. 자녀에게 음성메세지, 메모 또는 문자로 학원에 가기 전에 설거지를 해두라고 일러준다. 이와 같은 방법으로 평범한 집안일이나 일상적으로 할 일을 상기시켜주다가 일정 기간이 지나 더 이상 말하지 않아도 자녀가 집안일을 알아서 하는지 지켜본다. 그렇지 않을 때는 다시 상기시켜준다.

• 되도록 문자나 메모 등을 이용해 간접적으로 소통한다. 부모와 자녀가 같은 시간, 같은 장소에 있지 않더라도 무엇을 해야 할지 알려줄 수 있다.

• 자녀 스스로 알림 기능을 수행하도록 부모가 자녀에게 유도하는 것도 좋다.

• 10대 자녀에게 직접 일러주는 것은 가능한 한 피한다. 특히 계속해서 잔소리하는 식이라면 전혀 도움이 되지 않는다. 부모들은 자녀를 가르치려 들고 재촉하거나 짜증 섞인 목소리로 말할 때가 많은데 그럴수록 갈등만 생긴다.

•자녀가 실행능력을 배우는 데 더 많은 지시와 설명이 필요하다면 부모가 직접 나서기보다 외부의 전문가에게 도움을 청한다. 10대를 독립

적인 문제해결자로 키우기 위해서는 부모만 조력자로 남을 것이 아니라 주변의 가능한 모든 사람과 정보를 활용해야 한다. 자녀가 부모에게 의존하면 부모 입장에서는 흐뭇하기도 하지만 장기적으로 볼 때 이는 자녀의 실행능력 발달에 도움이 되지 않는다. 부모가 정보를 분명하게 전해주고 자녀가 이를 완벽하게 습득하여 더 이상 부모의 도움을 찾지 않게 되는 경우는 흔치 않기 때문이다.

2. 취약한 실행능력 한 가지와 이로 인한 문제상황을 파악한다

• 자녀에게 우선적으로 다루고 싶은 문제를 선택하게 하거나 문제가 한 가지일 경우(예를 들어 아침에 준비하기)에는 그 문제를 어떻게 다룰지를 정하게 한다. 자녀가 문제에 대해 관심이 높을수록 더 많이 노력하게 된다.

• 자녀가 부모의 도움을 받아들이고자 하는 마음이 있다면 연습 과정을 함께해본다. 다만 부모가 전부 맡아서 해서는 안 된다. 부모를 언제든 찾을 수 있게 하되, 자녀에게 어떤 식의 도움을 원하는지 선택하게끔 하자. 부모의 목표는 시간이 지남에 따라 도움을 줄여가는 것이지 성급하게 없애는 것이 아니다. 이 방법이 효과가 있다면 다른 상황에도 활용할 수 있을 것이다.

• 되도록 작고, 쉽게 다룰 수 있는 문제부터 시작한다. 그러면 자녀가 자신감을 갖게 되고 다른 문제를 해결할 가능성도 커진다. 예를 들어 부모가 깨워야만 일어나던 아이가 스스로 일어나게 되면 다음에는 더 큰

문제도 해결할 수 있게 된다. 또한 이를 통해 부모와 자녀 간에 불화도 없앨 수 있다.

• 자녀와의 생활을 더 순조롭게 해줄 문제부터 시작한다. 한 예로, 아침 일과는 부모와 자녀 모두에게 스트레스의 원인이다. 아침을 순조롭게 시작하면 그날 하루의 분위기도 달라질 것이다.

3. 실행능력과 그에 관련된 상황을 다룰 때는 자녀의 생활에 어떤 영향을 끼치는지 평가한다

• 취약한 실행능력 때문에 자녀가 당장 위험에 처하게 된다면 그것부터 다룬다. 이 경우에는 자녀의 선택보다 부모의 판단과 결정이 우선한다. 예를 들어 반응억제가 약한 자녀가 술을 마시거나 담배를 피울 것이 걱정된다면 이런 상황을 가장 먼저 다룬다. 이때 부모는 자녀의 문제 행동에 개입하고 면밀히 감독해야 한다.

• 자녀의 미래를 위해 가장 중요한 한 가지를 다뤄본다. 학업성적과 품행이 가장 적절한 예가 될 것이다. 자녀의 취약한 실행능력이 낮은 성적이나 징계로 이어지고 있다면 이런 상황을 가장 먼저 다룬다. 이런 문제들은 시간과 공을 많이 들여야 해결할 수 있다.

• 자립심 부족 문제를 다루려면 자녀의 일상생활에 주목하자. 우선 10대 자녀에게 문제가 되는 부분을 파악한다. 일상생활의 문제를 다루면 10대가 익혀야 하는 유용한 능력을 길러줄 수 있고, 부모에 대한 의존성도 줄일 수 있다.

• 시작하기 가장 쉬운 활동, 즉 금전관리같이 자녀가 원하는 활동부터 시작한다.

• 실행능력을 가르칠 때 자녀의 목표를 활용하는 것은 항상 효과적이다. 지속적 주의력, 과제착수, 계획·우선순위 결정력, 시간관리, 목표지향적 인내심, 상위인지가 요구되는 활동 가운데 자녀가 우선시하는 것을 목표로 정한다. 자녀가 원하는 목표를 활용하면 동기를 부여할 수 있으므로 실행능력을 배우는 데 큰 도움이 된다.

4. 계획과 실행 과정은 긍정적이고 융통성 있게 진행한다

• 계획을 세우고 실행하는 과정을 자녀와 함께한다. 부모가 독단적으로 계획을 세우면 자녀는 여전히 부모에게 의존하게 되고 노력을 덜 기울이게 된다.

• 자녀와 생각이 다를 수 있다는 점을 명심한다. 부모가 볼 때는 좋은 생각이지만 자녀에게는 쓸데없는 것일 수 있다. 특히 부모의 자기 평가 결과가 자녀와 달랐다면 더더욱 그럴 수 있다.

• 전략이 변경될 수 있다는 사실을 염두에 둔다. 10대가 실행능력을 배우는 것은 진행형이어서 자녀의 발달 단계에 따라 전략은 변할 수 있다.

• 칭찬과 긍정적인 피드백을 아낌없이 해준다. 10대 자녀는 부모의 긍정적인 표현을 가치 있게 느낀다. 칭찬과 긍정적인 피드백을 들은 자녀는 향후 그 능력을 활용하게 될 때 더 잘 기억해낸다.

5. 자녀의 저항에 유연하게 대응한다

자녀가 실행능력을 배울 마음이 없어 보이더라도 포기하지 말고 더 잘 준비해서 접근해야 한다.

• 지금까지는 자녀에게 "반드시 해라." 또는 "이걸 하든지 아니면 저걸 해라."라는 식으로 접근했다면 이제는 대가를 주는 것도 고려해본다. 자녀가 하나를 포기하면 부모도 하나를 포기해야 한다.

• 더 강력한 보상을 제공해본다. 우리가 조사한 바에 따르면 부모들은 자녀에게 대가를 지불하는 것에 인색하다. 일단 뭔가를 제공해야 하는 것이 번거롭기 때문이다. 충분한 보상을 제공한다면 자녀에게 좋은 동기가 될 것이다.

• 아직도 자녀가 실행능력을 개선하기를 거부한다면 논리적인 절차를 만든다. 우리는 '우선 ~하면 ~하게 해준다'는 방식의 이점을 알았다. 이를 통해 자녀는 우선 부모가 원하는 일을 한 후에 자신이 바라는 것에 접근할 수 있게 된다.

• 위의 방법들이 소용없고 문제가 계속된다면 선생님이나 상담사 같은 외부인의 도움을 받는다.

9

반응억제 강화하기

반응억제란 행동으로 옮기기 전에 한 번 더 생각함으로써 충동적인 말이나 행동을 자제하는 능력이다. 반응억제는 청소년이 갖춰야 할 가장 중요한 실행능력이다. 반응억제가 약한 10대 자녀를 둔 부모는 밤잠을 설친다. 반응억제가 부족한 아이는 유아기 때부터 좋아하는 것을 보면 손에 넣고야 말고, 재미있어 보이면 위험도 감수하고, 화나고 짜증나면 참지 못하는 모습을 보였을 것이다. 자녀가 어릴 때는 부모가 옆에 붙어서 보호할 수 있었다. 하지만 지금은 그럴 힘도 명분도 없다. 10대는 독립과 자유를 원한다. 부모는 자녀가 충동 때문에 위험에 처하게 되지는 않을까 전전긍긍하게 된다.

반응억제는 어떻게 발달하는가?

반응억제가 최초로 나타나는 시기는 유아기다. 유아가 어떤 상황이나 사람, 사물에 반응할지 말지 선택하는 상황에서 가장 기본적인 형태의 반응억제가 나타난다. 반응억제가 발달하기 전에 아기는 벌어지는 일을 그저 받아들여야 했지만 기어 다니거나 걷게 되면 자기 행동을 결정한다. 이제 아기는 움직일지 말지를 결정할 수 있고 시간이 더 지나면 특정 행동을 할지 말지도 결정할 수 있다. 언어 능력이 발달하면서 반응억제도 발달하는데, 이는 어른이 정한 규칙을 내면화할 수 있기 때문이다. 예를 들면 아이는 콘센트를 만지면 안 된다는 부모의 말을 기억하고 콘센트를 멀리한다.

반응억제는 다른 실행능력의 발달을 가능하게 해준다. 충동에 휘둘리는 어린이나 청소년은 주의를 집중하지 못하고 시간이나 계획을 효율적으로 관리하지 못한다. 반응억제가 약한 아이는 생활의 여러 면에서 산만한 모습을 보인다. 그와 반대로 반응억제를 지닌 아이는 일을 끝까지 마치는 능력이 뛰어나다.

커가면서 아이들의 실행능력 수준은 점차 높아진다. 하지만 반응억제는 생각처럼 꾸준하게 발달하지 않는다. 신경과학 연구에 따르면 반응억제는 청소년기의 방해 요소에 특히 취약하다. 10대의 두뇌에서는 충동이나 감정을 처리하는 '중추'와 행동 전에 이성적으로 생각하는 것을 주관하는 '전두엽'사이에 단절이 일어난다. 우리는 앞에서 성인이 되어갈수록 이 둘 사이의 연결이 더 강력해지고 신속해진다고 배웠다. 성인은 이 연결고리가 충분히 자리 잡아 감정과 충동을 조절할 수 있지만, 10대는 전두엽의 명령을 받지 않고 직감에 따르기 때문에 성급하게 결정을 내린다.

설상가상으로 또래의 영향력은 커지고 부모의 권위는 힘을 잃으면서 10대는 더욱 충동적으로 행동하게 된다. 10대는 전형적으로 맥락에 따른 행동을 보인다. 순간의 감정에 완전히 휩쓸리기 때문이다. 또래와 있을 때는 친구들과의 분위기에 휩쓸리는 경향이 있다. 온라인게임, SNS, 술, 성관계 등 즐거운 상황을 접하면 순식간에 그 활동에 빠져들고 만다. 그리고 사회 전반적으로 청소년에 대한 통제가 약해질 때 10대들은 더더욱 잘못된 결정을 하게 된다. 대부분의 부모들은 10대 자녀를 7살짜리 다루듯 엄하게 다루길 원치 않을 것이다. 독립성을 기르는 데 방해가 되기 때문이다. 따라서 자녀가 스스로 교훈을 얻게 하고, 자녀 자신에게나 다른 사람들에게 손해를 끼치지 않도록 적절히 통제하는 것이 중요하다.

내 자녀의 반응억제는 발달 단계상 적절한 수준인가? 192쪽의 질문지를 통해 자녀의 반응억제를 좀 더 정확히 평가해보자.

반응억제 향상시키기

자녀가 반응억제 문제를 겪고 있다면 다음의 도움말을 보자.

• 10대는 친구들과 함께 있을 때 충동을 잘 제어하지 못한다. 학교에는 감독하고 지도해줄 어른들이 함께 있기 때문에 그 테두리 안에서는 심각한 문제가 발생하지 않았다. 진짜 문제가 되는 곳은 개방된 사회다. 부모는 자녀가 어디에 있는지, 누구와 함께 있는지, 언제 집에 돌아올 것인지를 알아야 한다. 계획이 변경되었을 때는 반드시 부모에게 알려야 한다고 가르친다. 친구 집에서 놀거나 자고 오게 될 경우 그 집에 어른이 있으면 그 어른을 통해 자녀가 그곳에 있다는 것을 확인하고, 변동사항이 있으면 부모에게 알리라고 해야 한다. 당연히 10대 자녀는 반발할 것이다. 자녀의 거부감 때문에 마음이 약해질 때마다 어른 없이 열린 모임에서 발생한 끔찍한 사건을 떠올리며 마음을 다잡자.

• 10대는 지루하고 어려운 일보다는 재미있는 일을 선택한다. 학교 프로젝트나 대학 지원 또는 집안일 같은 지루한 일에 기한이 있다면 그 일을 했는지 확인하고, 하지 않았을 때는 어떤 불이익이 따를지도 정해야 한다. 그리고 자녀와 함께 방해 요소를 제거하거나 통제할 수 있는 방법을 논의해야 한다.

• 자녀가 인내심을 기르도록 돕자. 반응억제를 강화시키려면 기다릴

당신의 10대 자녀는 충동을 얼마나 잘 억제할까?

왼쪽 표와 오른쪽 표 중 어떤 게 당신 아이에게 해당하는지, 그 정도는 어떤지 판단해보자. 당신이 매긴 점수는 능력 향상의 목표치가 될 수 있다. 왼쪽 항목에서 '많이' 또는 '아주 많이'를 선택한 경우라면 자녀가 그 영역에서 반응억제를 아주 잘 사용하고 있음을 보여주는 것이다. 오른쪽 항목에서 '많이' 또는 '아주 많이'를 선택한 경우라면 좀 더 노력이 필요하다.

	약간	많이	아주 많이		약간	많이	아주 많이
행동하기 전에 어떤 일이 일어날지 생각한다.				생각하지 않고 행동한다.			
수업 시간에 조용히 하거나 할 말이 있으면 손을 들고 이야기한다.				수업 시간에 너무 많이 떠들어서 문제가 된다.			
어떤 일을 하기 전에 결과에 대해서 생각한다.				그냥 행동에 옮긴다. 결과를 생각하는 데 시간을 할애하지 않는다.			
결정하기 전에 잠시 시간을 가진다.				직감에 따라 결정한다.			
말할 때 다른 사람이 어떻게 반응할지 생각한다.				자신의 말이 다른 사람에게 어떤 영향을 미칠지 생각하지 않고 말한다.			
또래의 자극이나 부추김에 휩쓸리지 않는다.				즉각적으로 반응하고 또래에게 휘둘린다.			
이미 다른 계획이 있으면 재미있는 활동을 제안해도 하지 않겠다고 한다.				즉각적으로 눈앞에 있는 재미있는 활동에 참여한다.			

줄 알아야 한다. 하고 싶거나 갖고 싶은 것이 있더라도 참고 견디는 연습을 해야 한다. 반응억제는 10대 때 꼭 배워야 하는 능력이다.

• 원하는 것을 스스로 획득하게 하면 반응억제를 가르칠 수 있다. 휴대전화, 컴퓨터 등을 위해 저축을 하게 하면 '나는 이게 갖고 싶고 지금 당장 가져야 한다'는 생각과 맞서 싸울 수 있게 된다.

• 정기적으로 규칙을 상기시켜줘서 충동을 제어해야 할 상황이 닥치면 바로 떠올릴 수 있게 한다.

• 반응억제를 시험할 만한 상황이 발생하기 전에 몇 가지 특정 규칙을 상기시켜줘라. 엄마와 아빠는 너를 아끼며 안전하기를 바라기 때문에 규칙을 정하는 것이라고 알려주면 자녀는 주의를 기울여 들을 것이다.

운전을 경주로 여기는 라이더

이제 갓 18살이 된 크리스는 오토바이 운전을 좋아한다. 특히 과속을 즐긴다. 자기 오토바이는 없지만 주말에 날씨가 맑으면 아빠의 오토바이를 빌려서 동네를 드라이브하거나 시내로 나가곤 한다. 크리스의 집은 영화관이 있는 시내와는 5킬로미터 정도 떨어져 있고, 시내로 가는 길은 완만한 경사가 있는 굽이진 길이다. 이 도로가 바로 크리스의 경주장이다. 크리스는 길모퉁이에서 오토바이의 속도를 높일 때 느껴지는 짜릿한 감각을 즐긴다. 처음에는 속도제한 표지판과 급커브 주의 표시를 보고 무서워했지만 이제는 오히려 모퉁이를 돌 때마다 속도를 올린다.

"아빠, 오토바이 좀 타도 돼요?"

4월의 어느 날씨 좋은 토요일이었다. 크리스는 화장실 전구를 갈아 끼우는 아빠의 등을 슬며시 찌르며 물었다.

"음…. 좋아, 크리스. 하지만 조심해라. 도로가 아직 젖어 있더라. 열쇠는 신발장 위에 있어."

크리스는 현관문 앞에서 열쇠를 흔들어 보이고는 집을 나섰다.

"헬멧 꼭 써야 한다!"

길은 아직 젖어 있었지만 해가 비추고 있었다. 몇몇 모퉁이를 지나자 크리스는 몸을 약간 앞으로 기울여 집중하면서 속도를 냈다.

언덕 밑으로 향하는 길 전에 약 400미터 거리의 직선 내리막길이 있다. 이 길은 두 줄 중앙선이 점선으로 바뀌는 구간인데 크리스는 앞의 승용차를 앞지르기 위해 이 선으로 들어섰다. 그리고 중앙선이 실선으로 바뀌는 구간에 들어서자 다시 원래 차선으로 돌아왔고, 곧바로 좌회전을 하기 위해 전면의 왼쪽 아래 코너를 주시했다. 그러나 도로 오른쪽 나무 아래에 경찰차가 있는 것을 보지 못했다.

크리스는 딱지를 떼였다. 제한속도보다 빨리 달려서 경고를 받았다. 딱지라니? 크리스는 완벽하게 운전했다고 생각했다. 긴장하고 혼란스러워진 크리스는 다른 방도가 없어 집으로 돌아왔다. 벌금을 낼 돈도 없는 데다 몇 달 후에 보험료가 가산된 것이 들통나면 부모님에게 혼이 날 테니 이 사실을 알려야 했다. 크리스가 집으로 들어갔을 때 엄마와 아빠는 신문을 펼쳐두고 거실에 함께 앉아 있었다.

"다녀왔어요."

"빨리 왔구나. 시내에 가는 줄 알았는데."

부모님은 크리스를 한 번 보고는 다시 신문을 읽기 시작했다.

"네. 그러려고 했는데…. 작은 문제가 생겼어요."

"무슨 문제?" 엄마와 아빠 모두 신문을 넘기며 물었다.

"시내로 가다가 경찰에게 걸려서…."

"경찰에게 걸려? 설마 네가 잘못해서 걸린 건 아니겠지?"

크리스는 부모님이 앉아 있는 테이블로 가서 앉았다. 그러고는 주머니에서 딱지를 꺼내 부모님에게 보여줬다. 순간 조용해졌고 부모님은 딱지를 본 다음 크리스를 잠시 바라봤다. 그리고 아빠가 말했다.

"크리스, 엄마와 나는 걱정되고 화가 나. 넌 법을 어기고 우리의 신뢰를 저버렸어. 오토바이를 빌려준 건 네가 안전하게 운전할 거라 믿었기 때문이야. 그런데 우리에게 거짓말을 한 셈이 되었구나."

"거짓말한 게 아니에요. 이러려던 게 아니라고요. 엄마, 아빠도 내가 운전을 잘한다고 했잖아요. 물론 무슨 말씀인지는 알아요. 하지만 그렇게 큰 문제는 아니잖아요."

엄마가 말했다. "크리스, 제한속도를 초과해서 달리는 건 굉장히 위험한 일이야. 넌 이런 일을 겪어보지 않았기 때문에 큰일이 아니라고 생각하는 것 같구나."

아빠가 말했다. "전에 이런 일이 생기면 어떻게 할지 이야기했지. 자칫하면 위험할 뻔했어. 어린아이처럼 행동한 거야. 어른들 세계에서는 모든 일에 책임이 따른단다. 이 일은 네가 스스로 해결해야 해."

"제가 어떻게 해야 하는데요?"

엄마가 말했다. "벌금을 네가 내거라. 아르바이트를 구하든지 집안일을 해서 용돈을 벌도록 해. 그리고 추가되는 보험료도 네가 지불하도록 해."

"사주기로 한 오토바이는 어쩌고요? 두 달 전에 내 오토바이를 보러 다니자고 했잖아요."

엄마가 살짝 웃으며 말했다. "그래, 그러기로 했지. 하지만 당분간은 운전을 못하게 할 거야. 설사 다시 너에게 오토바이를 사줄 생각이 든다해도 네가 책임감 있게 운전하는지 주기적으로 확인을 해야겠어. 크리스, 이 문제는 엄마, 아빠의 문제가 아니야. 네가 문제를 깨닫게 하고 앞으로는 이런 일이 없도록 도와주려는 거야."

크리스는 오랫동안 집안일을 해서 용돈을 벌었고 벌금과 보험료를 모두 지불했다.

도로 위에는 미숙한 운전자들이 많다. 어떤 사람은 주의를 집중하지 않고 어떤 사람은 주변을 잘 살펴보지 않는다. 익숙하지 않은 차를 운전하는 사람도 있고 협응력이 떨어지는 운전자도 있다. 크리스의 경우는 이런 미숙한 운전자와는 다르다고 볼 수 있다. 집중력이 떨어지거나 장애가 있는 운전자가 아니라 충동을 억누르지 못해서 자신과 다른 사람을 위험에 빠뜨릴 뻔한 것이다. 즉, 크리스는 반응억제가 부족하기 때문에 위와 같은 상황이 발생했다.

반응억제는 위험한 상황에 대처할 수 있게 해주는 실행능력이다. 반응억제가 발휘되면 충분히 생각하지 못할 때도 즉각적으로 위험과 그 결과를 분석해서 행동하게 된다. 크리스는 운전자가 제어를 못할 때 무슨 일이 벌어질지 알지 못한다. 무지함이 무모함과 만나면 아찔한 결과를 낳는다. 하지만 이에 대처하는 방법이 있다.

Q&A

Q1 우리 딸은 반응억제에 문제가 있어요. 반에서 가장 재미있는 아이라는 게 문제예요. 딸은 교실을 웃음바다로 만드는 일을 멈추기가 너무 힘들대요. 단순히 충동을 억제하지 못해서가 아니라 자기의 평판이 이 '웃음의 성과'에 달려 있다고 믿기 때문이에요. 나쁜 뜻이 있어서 수업 시간에 무례하게 구는 것이 아니에요. 딸아이는 "나도 어쩔 수가 없어요."라고 말해요. 어떻게 하면 좋을까요?

A1 위 사례는 명랑하지만 반응억제 문제를 겪는 10대 자녀의 부모가 흔히 하는 고민이다. 교실을 웃음바다로 만들면 수업을 방해할 뿐 아니라 본인의 사고 처리 과정도 방해한다. 하지만 때에 따라 긍정적인 특성을 보이기도 한다. 이런 아이들은 종종 기발한 생각을 하고, 자유로운 연상에 익숙하며, 독특한 방법으로 문제를 해결하기도 한다. 하지만 학급의 분위기메이커로 활약할 때는 역효과를 내게 된다.

수업 시간에 핵심단어를 적어보거나 선생님의 말을 요약해보면 어느 정도 문제를 해결할 수 있다. 문제의 원인이 구조적인 것이라면 선생님과 상의해서 자리를 따로 정해주는 것도 도움이 된다. 선생님과 가까이에 앉게 되면 친구들이 눈에 들어오지 않기 때문에 웃기고 싶은 관중이 눈앞에서 사라진다. 또한 타고난 유머감각을 생산적인 반응으로 이어주는 것도 좋을 것이다. 재간을 억압할 필요는 없다. 재치 있는 답변은 또래나 선생님들로부터 탄성을 자아낼 것이다. 당연히 자녀는 자신의 유머감각을 소중히 여기게 된다. 때로는 무턱대고 억제하기보다는 효과적인 통로를 열어주는 것이 해결책이 된다.

Q2 부주의한 운전은 어떻게 개선하죠? 자녀가 위험하게 운전하는데 확실한 물증이 없다면 부모는 어떻게 하는 게 좋을까요?

A2 크리스의 경우는 단속에 걸렸기 때문에 진단과 대처가 더 쉬웠다. 하지만 부모의 눈을 요리조리 피해가며 위험한 질주를 계속하는 자녀는 어떻게 보호해야 할까? 방어 운전하는 법을 가르쳐주거나 충돌 예방 교육을 수강하도록 하는 것도 좋은 방법이 될 것이다. 그리고 오토바이 블랙박스를 활용하는 방법도 고려해보자. 반발이 있을 수도 있다. '증거' 없이는 그런 시스템을 사용하지 않기로 했다면 자녀가 위험하게 운전하는 것을 발견했을 때 블랙박스 설치를 조건으로 운전을 허락해야 한다.

10

작업기억 강화하기

작업기억은 복잡한 과업을 수행하면서 정보를 기억하는 능력이다. 비교적 단순한 수준의 예를 들어보면, 세 가지 물건의 가격을 기억한 채로 물건값을 더해서 그 물건들을 모두 살 만한 돈이 있는지 파악하는 것이다. 질문을 기억하면서 그에 대한 답을 찾아내는 것도 이에 해당한다. 보다 복잡한 의미로서의 작업기억은 과거에 배우고 경험한 것을 현재의 상황에 적용해보거나 그것을 바탕으로 미래의 결과를 예상해보는 능력을 말한다. 연산 문제를 풀 때나 다른 사람에게 질문을 받았을 때 이 능력이 발휘된다. 과거에 배운 것이나 경험한 것에서 답을 찾기 때문이다.

작업기억을 활용하면 많은 편익을 누릴 수 있는데도 10대는 실수를 반복하곤 한다. 10대는 세 가지 물건을 일단 계산대로 가져가고 나서야 살 돈이 없다는 걸 알게 된다. 그러고는 어떤 물건을 뺄지 몰라 당황한다. 더 나쁜 상황은 반응억제가 어려운 자녀가 비상시에만 쓰라고 준 부모의 신용카드로 물건을 모두 구입하거나 친구에게 돈을 빌려 모두 사 버리는 경우다. 작업기억이 뛰어난 10대는 정보를 손에 넣고 저울질을 할 수 있으며 결정도 빠르게 한다. 작업기억이 약하면 딴생각을 하느라 수업 시간에 배운 것을 선생님이 질문해도 답하지 못하거나 실수만 하는 사람이란 평가를 받게 된다.

작업기억은 어떻게 발달하는가?

작업기억이 처음으로 나타나는 때는 생후 6개월 또는 7개월쯤이다. 물건을 이불 속에 숨겨놓으면 아기는 이불을 들어 올리고 물건을 찾아낸다. 여기서 아기가 보여주는 것은 시각적 작업기억이다. 아기는 마음속에 장난감의 이미지를 저장하고 눈에 보이지 않아도 그 위치를 추적할 수 있다. 아기가 말을 배우기 시작하면 우리는 언어적 작업기억의 증거를 보게 된다. 부모로서 가장 놀라게 되는 아기의 작업기억 발달 예로는 아기가 자신의 행동을 조절하기 위해 혼잣말을 하는 것이다. 이때 아기의 목소리 톤은 신기하게도 부모의 것과 유사하다. 아기는 부모가 지시했던 과거의 상황을 기억한다. 그와 같은 상황이 벌어지면 아기는 과거에 부모가 지시했던 구체적인 말을 기억해서 혼잣말을 하며 자신의 행동을 조절한다.

자녀가 16~17살이 되면 이 능력이 얼마나 정교해지는지 알 수 있다. 어머니가 아들에게 “이제 게임 그만하고 방 청소 좀 해줄래? 지난번에 친구들이 왔다 간 뒤로 아주 엉망이더구나. 지금 엄마는 장 보러 갈 테니까, 돌아와서 청소가 끝나 있으면 오늘 저녁에 친구들과 영화 보러 가게 해주마.”라고 말한다. 이때 어머니가 말한 것을 기억하고 그에 따르는 것은 비교적 간단한 작업기억 활동이다. 우리는 2주 후에 더 정교해진 작업기억을 보게 된다. 아들은 지난 번 어머니가 한 말을 기억하고는 이렇게 생각한다. ‘지난번에 엄마 말대로 했더니 저녁 외출을 허락해줬어. 내가 방을 주기적으로 청소해두면 더 자주 외출을 허락해 줄 것 같아.’ 아들은 과거의 경험을 바탕으로 자신이 할 일이 무엇인지를 파악하고 그로 인한 결과까지 예상한다. 이는 다소 복잡한 작업기억의 활용의 좋은 예다.

10대는 현재 자신이 무엇을 할지 결정하는 데에 종종 과거의 경험을 사용한다. 그러나 작업기억이 취약한 경우에는 “대체 무슨 생각인 거니?”라는 말을 하게 만들어서 갈등을 빚는다.

204쪽의 질문지로 자녀의 작업기억을 평가해보자.

작업기억 향상시키기

• 자녀가 기억했으면 하는 것을 말할 때는 눈을 맞추자. 이것만으로 자녀가 부모의 말을 기억하고 지시대로 할 거란 보장은 없지만 적어도 자녀의 주의를 끌 수 있다.

• 자녀에게 지시할 때는 주변에 방해물을 없애라. 대개 자녀는 문자, SNS, 전화, TV 등 다른 활동에 주의가 팔려 있다. 자녀가 이런 활동에 골몰하고 있을 때 지시를 내리는 부모가 있는데, 이런 지시는 자녀의 머릿속에 저장되지 못한다.

• 자녀가 지시를 제대로 들었는지 확신이 없다면 자녀에게 지시한 바를 다시 말해보게 하자. 지시를 내릴 때마다 말해보게 하는 것은 금물이다. 보통 10대는 부모의 지시를 그대로 따라 말하는 것을 매우 짜증스럽게 느낀다.

• 적절한 타이밍에 지시하라. 자녀가 학교에서 돌아오자마자, 외출했다가 돌아온 직후나 외출하러 나서는 순간, 막 잠자리에 들려고 할 때나 방금 일어났을 때는 좋은 타이밍이 아니다. 친구들과 있을 때의 행동수칙, 통금 시간, 자녀가 지금 막 하려는 활동과 관련된 사항만 예외적으로 위와 같은 순간에 하는 것이 좋다.

• 글로 상기시켜줘라. 달력, 메모지, 공책 등을 적절히 사용하는 것도 효과적이다. 글로 하면 말로 할 때보다 부정적인 감정이 덜 표출되므로 부모와 자녀 간의 갈등이 줄어들게 된다.

당신의 10대 자녀의 작업기억은 얼마나 좋은가?

왼쪽 표와 오른쪽 표 중 어떤 게 당신 아이에게 해당하는지, 그 정도는 어떤지 판단해보자. 당신이 매긴 점수는 능력 향상의 목표치가 될 수 있다. 왼쪽 항목에서 '많이' 또는 '아주 많이'를 선택한 경우라면 자녀가 그 영역에서 작업기억을 아주 잘 사용하고 있음을 보여주는 것이다. 오른쪽 항목에서 '많이' 또는 '아주 많이'를 선택한 경우라면 좀 더 노력이 필요하다.

	약간	많이	아주 많이		약간	많이	아주 많이
외투나 열쇠, 체육복 등 자신의 소지품을 잘 챙긴다.				물건을 어디에 뒀는지 잊어버리거나 종종 물건을 잘못 놓아둔다.			
해야 할 일을 아주 잘 기억한다.				"나중에 할게요"라고 해 놓고 잊어버린다.			
중요한 것을 확실히 기억하는 방법을 가지고 있다(체크리스트, 메모 등).				스스로 "확실히 기억할 수 있다."라고 말하지만 기억하지 못한다.			
지금 하고 있는 일에 집중하면서도 다른 할 일들을 기억한다.				현재 하고 있는 일에 빠져서 다른 할 일을 잊어버린다.			
과제가 무엇인지 기억해서 학교에서 잊지 않고 챙겨온다.				과제가 무엇인지 잊어버리거나 과제에 필요한 것을 깜박하고 놓고 온다.			
과거 경험을 통해 배운다.				과거에 경험하고도 같은 실수를 반복한다.			

• 자녀가 선호하는 기술(위젯, 어플리케이션, 디지털 캘린더 등)을 활용해서 구체적인 활동을 상기시켜줘라.

• 과거에 성공적으로 처리한 상황에 자녀가 다시 놓이게 될 경우 과거의 성공을 상기시켜줘라. 예를 들면 "친구들이 술을 마실 때 너는 그

자리를 피하는 좋은 선택을 했었지."처럼 구체적으로 말해줘라. 과거의 부정적인 결과를 상기시켜줄 수도 있겠지만 지적하는 투로 말하지 않게 조심해야 한다.

자꾸만 잊어버리는 '깜빡이'

스테파니는 아이들이 등교하는 모습을 보고 나서 출근길에 나섰다. 고등학생인 닉은 여동생 알리슨을 초등학교에 데려다주고 학교에 갔을 것이다. 아이들은 아침식사를 같이하며 그날 계획에 대한 이야기를 나눴다. 알리슨은 방과 후 바로 친구네 집으로 갈 계획이고 닉은 치과 진료를 받아야 했다. 스테파니는 두 아이의 계획을 스마트폰에 저장해두고 이를 상기시켜줬다. 물론 아이들은 눈을 동그랗게 뜨며 한숨을 쉬었지만 말이다. 스테파니는 질서정연한 것을 좋아한다. 실제로 스테파니는 총무부장이고, 총무부 일을 하기 위해서는 세심함이 요구된다. 스테파니는 두 아이와 자신의 스케줄을 늘 세심하게 기록한다.

스테파니는 문서 정리, 거래처와 회의, 여러 자잘한 업무를 처리하며 하루를 보냈다. 오후에 알리슨 친구의 아버지에게 전화를 걸어 아이를 언제 데려가면 좋을지 물어봤다. 사무실에서 나갈 채비를 마치자 전화벨이 울렸다. 닉이 예약 시간에 치과에 오지 않았다는 연락이었다. 스테파니는 짜증이 났다. '내가 아침에 일러줬잖아. 열두 번도 더 말해준 것 같은데…. 나는 한 번도 놓치지 않고 늘 일러줬어! 모든 약속, 세미나, 축구 연습까지. 내가 아니면 닉은 아침에 일어나지도 못할 거야! 닉은 생각이 있는 거야, 없는 거야? 자기 미래에 대한 생각은 하는 걸까? 닉이 독립해서 혼자 살 땐 어쩌나? 누가 일일이 챙겨주지? 내가 계속할 수는 없는 노릇이고 그렇게 돼서도 안 되지. 그러면 어떻게 해야 될까?'

스테파니는 퇴근길에 마인드컨트롤을 한 후 현관문을 열고 들어갔다. 닉이 거실 소파에 앉아 TV를 보고 있었다.

"닉!"

"왔어요, 엄마?"

"오늘 학교 마치고 뭐했니?"

"에이미랑 피자 먹고 집에 왔는데요, 왜요?"

"널 정말 어떻게 해야 할지 모르겠다."

"내가 뭘요? 오자마자 그게 무슨 말이에요?"

"넌 당연히 모르겠지. 오늘 치과에서 네가 오지 않았다고 연락이 왔어. 앞으로 2주 동안은 예약이 꽉 차 있다더구나."

닉은 자세를 고쳐 앉으며 손으로 얼굴을 쓸었다. 스테파니는 쿵쿵거리며 방으로 가서 짐을 내려놓은 다음 다시 아들에게 돌아왔다.

"뭔가 제대로 노력을 해야 되지 않겠니?"

"저도 그렇게 생각해요."

"넌 항상 말로만 그러지 실제로 나아지는 게 없잖아. 제시간에 가는 법이 없고 뭐든 제대로 기억하는 게 없어. 나랑 네 동생이 이렇게 못미더운 너에게 어떻게 의지할 수 있겠니? 난 일을 하잖아. 이 집의 가장 역할을 한다고. 세금을 내는 것도, 청구서를 처리하는 것도, 빨래를 하는 것도, 집을 치우는 것도, 식사 준비를 하는 것도 전부 엄마가 해. 난 이 모든 걸 제때 하는데 어째서 넌 네가 할 일 딱 하나도 제대로 기억하지 못하니?"

"그래서 무슨 말이 하고 싶으신 거예요? 그래요, 엄마는 해야 할 일을 전부 목록으로 만들죠. 그래서 그게 저한테 무슨 도움이 돼요? 맨날 엄마는 나한테 시키기만 하잖아요. '닉, 동생 데려와라. 닉, 가게에 가서 우유 좀 사와라. 닉, 집에 그릇이랑 수저가 몽땅 어디 갔니?' 나는 엄마가 시키는 일만 해야 했고 내가 스스로 할 기회는 없었어요. 엄마가 세운 계획대로만 하다 보면 내가 노예 같다는 생각이 든다고요."

"그건 너와 알리슨이 잘되길 바라기 때문이야. 내가 없으면 넌 어떤 일이든 실패할거야. 듣기 싫겠지만 말하는 나도 힘들어. 이게 내 입장이야. 네가 가장 간단하고 일상적인 일 하나도 제대로 기억하지 못하는데 어떻게 너를 믿겠니?"

닉은 엄마가 말하는 동안 거의 눈을 맞추지 않다가 엄마를 한 번 노려보고는 자리를 떠났다. 스테파니는 할 말을 한 것뿐이지만 결과는 만족스럽지 않았다. 그녀는 아들의 말이 일리가 있는지 오랫동안 생각했다. 어쩌면 자신이 너무 과했는지도 모른다. 아들 스스로 계획을 짜게 하거나 책임감을 갖게 하는 것에는 무심했던 것 같았다. 그 주의 나머지 날들 동안 두 사람은 꼭 필요한 대화만 했다.

한 주가 지났다. 스테파니는 소파에 앉아 닉이 학교에서 돌아오기를 기다렸다. 집에 들어선 닉은 엄마에게로 조심스럽게 다가갔고 엄마는 미소를 지었다.

“우리 지난주에 문제가 좀 있었지. 곰곰 생각해보니 네가 성공하길 바란다면 스스로 너의 생활을 관리하게 해야 한다는 걸 깨달았어.”

스테파니는 가방에서 최신 스마트폰을 꺼내 테이블 위에 올려놓았다.

“엄만 질서정연한 걸 아주 중요하게 생각해. 이걸로 네 문제가 다 해결될 거라 생각하지는 않아. 여전히 너에겐 내 도움이 필요하겠지. 하지만 이 휴대전화를 잘 활용한다면 많은 일을 스스로 해낼 수 있을 거야. 그건 너도 엄마도 바라는 바고.”

닉은 미소를 짓고 엄마를 끌어안으며 휴대전화를 받아 들었다.

“더 열심히 노력한다고 약속할게요. 엄마가 이렇게 먼저 방법을 찾아줘서 고마워요. 저도 알아요. 저에겐 아직 엄마 도움이 필요하단 걸요.”

스테파니는 닉에게 자기 휴대전화를 보여주며 일정을 관리하거나 알람을 설정하는 방법을 가르쳐줬다.

닉은 위층으로 가서 휴대전화를 켠 후에 ‘치과예약 오후 3시 30분. 사랑해요, 엄마’라는 메모를 저장해뒀다.

Q&A

Q1 우리 아이에게는 이미 스마트폰이 있어요. 하지만 문제는 딸아이가 스마트폰을 일정관리 용도로 쓰지 않는다는 거죠. 우리는 이러지도 저러지도 못하겠어요. 우리가 딸아이에게 뭔가를 상기시켜주면 독립심을 기를 기회를 주지 않는다며 우릴 탓해요. 하지만 우리가 도와주지 않으면 엄청난 실수를 해서 만회하기 힘들 것 같아요. 딸아이가 작업기억을 기를 수 있도록 기회를 충분히 주고서 지켜봐야 할까요 아니면 직접 나서서 도움을 줘야 할까요? 둘 사이에 어떻게 균형을 잡아야 할까요?

A1 어린 나이에는 독려하는 것을 통제하는 것으로 오인하기도 한다. 또한 10대들은 부모의 말을 왜곡해서 받아들이곤 한다. 자녀에게 작업기억을 향상시키는 방법을 알려주려고 하기보다는 긍정적으로 받아들일 수 있도록 힘을 불어넣어 주는 것이 바람직하다. "너에게 스마트폰이 필요하겠구나. 일정을 관리할 수 있는 기능이 있으니 도움이 될 거야."라고 말하기보다는 "이제 네가 스스로 일과를 관리할 때가 된 것 같아. 넌 알아서 이런 일을 잘 해낼 수 있을 만큼 자랐으니까."라고 말하는 것이 좋다. 절대 김새는 말은 하지 말자. 이미 자녀가 스마트폰을 가지고 있다면 부모의 스마트폰과 동기화해서 일정을 공유하는 것도 좋다. 부모는 자녀의 일정을 알 수 있고 자녀도 부모의 일정을 알게 되므로 아주 편리하다. 자녀 또한 기분 좋게 받아들일 것이다.

Q2 우리는 닉과 스테파니가 집에서 다툰 상황을 이해할 수 있어요. 그런데 우리 아이는 집보다는 학교에서 작업기억 문제를 드러내고 있어요. 특히 선생님이 한 질문을 기억하기 어려워해요. 선생님이 방금 한 질문을 기억하지 못하죠. 방금 전에 한 질문인데도 말이에요. 이럴 땐 어떻게 해야 할까요?

A2 작업기억에 심각한 결함이 있는 경우다. 이런 10대에게 권하는 방법 하나는 글로 써보라는 것이다. 모든 질문을 그대로 받아 적으라는 것이 아니다. 주요 단어만 골라 적어서 이어지는 생각을 따라가본다.

또 다른 방법은 선생님이 주는 시각적인 지침이나 자료를 수집하는 것이다. 수업 내용의 개요도 좋고 영상으로 보여준 자료의 복사물도 좋다. 수업 관련 자료를 받아놓는 것만으로도 큰 효과가 있다. 특히 이 자료들을 주요 단어 활용 기술과 함께 사용하면 더 효과적이다.

또한 선생님에게 자녀의 작업기억 문제를 알리는 편이 낫다. 자녀가 예습을 하지 않는 것이 아니라 여러 정보를 처리하는 데 어려움을 겪고 있을 뿐이라는 사실을 알리고, 선생님에게 수업 시간에 학생들에게 물어볼 질문을 미리 적어달라고 하는 방법도 있다.

11

감정조절 강화하기

감정조절이란 자신의 행동을 규제하거나 목표를 성취하기 위해 감정을 관리하는 능력이다. 이 능력을 갖추면 감정이 격해지는 경우에도 평상심을 유지할 수 있다. 짜증, 낙담, 긴장감과 같은 불쾌한 감정에 빠지는 일을 피할 수 있다. 불쾌한 감정을 잘 다스려 힘든 시기를 버텨내면 긍정적인 정서가 길러진다. 이는 청소년기의 역경과 고난을 극복하는 데 큰 도움이 된다. 성격이 급하면 친구들과의 관계가 어려워질 수 있고 학교에서도 문제가 될 수 있다. 걱정에서 헤어나지 못하면 빡빡한 학업 스케줄이나 체육, 음악 등의 활동을 소화할 수 없게 된다. 긍정적인 정서를 기르지 못하면 10대는 롤러코스터 같은 삶을 경험하게 될 것이다.

감정조절은 어떻게 발달하는가?

아기들이 재미있는 것을 보면 웃으며 옹알거리고, 불편하거나 기분이 안 좋을 때는 울거나 짜증내는 것을 봤을 것이다. 아기의 욕구를 잘 만족시켜주고 편안하게 해주면 아기는 금세 진정된다. 처음에는 아기를 달래줘야만 감정이 풀리므로 부모가 반드시 필요하지만 점점 아기가 스스로를 달래기 시작하면서 감정조절을 습득하게 된다. 어떤 아기들은 감정조절을 발달시키는 데 어려움을 겪는다. 까닭 없이 계속해서 울거나, 배고플 때 음식을 먹여줘도 칭얼거리는 아기들이 있다. 그래서 감정조절이 약한 아기들은 주로 '까다로운' 아기로 여겨진다.

'미운 네 살'을 어떻게 보내는가에 따라 감정조절의 발달 수준이 결정된다. 좀처럼 떼를 쓰지 않는 아이도 있지만 주기적으로 폭발하는 아이도 있다. 대부분의 아이들은 그 중간 즈음에 속한다. 그리고 아이들은 규칙적인 일과를 예상하는 능력을 키우게 된다. 감정조절은 이런 일상에 변화가 생길 때 얼마나 잘 적응하느냐와 관련이 있다. 융통성도 마찬가지다. 사실 융통성 문제와 감정조절 문제는 겹치는 부분이 많다. 감정조절에 문제가 있는 아이들 모두가 융통성이 결여된 것은 아니지만 융통성이 없는 아이들은 대부분 감정조절 문제를 겪는다.

감정조절이 약한 아이들은 초등학교에 들어가면서 더욱 어려움을 겪는다. 사회적 관계나 학업, 행동 면에서 더 많은 것들이 요구되기 때문이다. 이런 아이들은 양보하는 법이나 선의로 져주는 것을 모르고, 자신이 또래 아이들보다 능력이 부족하다는 것을 이해하지도 못한다.

청소년기 자녀는 엄청난 감정 변화를 겪는다. 여기에는 발달 단계상의 원인 및 생물학적인 원인이 존재한다. 그래서 10대 자녀는 또래와 자신의 의견이 서로 다르거나 누군가가 자신의 행동을 바로잡으려 들 때 훨씬 더 극렬하게 대립한다.

214쪽의 질문지를 통해 자녀의 감정조절을 평가해보자.

감정조절 향상시키기

• 규칙은 명확하고 구체적이어야 한다. 그리고 '해야 할 것'은 상대적으로 적어야 한다.

- 정보 : 어디에 있는지, 누구와 함께 있는지, 어느 부모의 책임 하에 있는지

- 허락 : 집에 돌아와야 하는 시간, 전자기기·SNS의 사용

- 금지 : 허락받지 않은 사람·장소·활동

• 약속, 가족 모임같이 아이가 원치 않는 지루한 행사는 미리 확실히 알려준다. 그래야 나중에 갈등이 생기지 않는다. 자녀는 때로 부모에게 말도 않고 일정을 잡기 때문에 계획이나 일정에 대해서 미리 의논하고 때때로 상기시켜줘야 한다.

• 의논을 유도하는 소통 전략을 사용한다.

- 적극적으로 경청하라. 자녀의 말에 집중하고, 이해하고 있다는 몸

당신의 10대 자녀는 감정을 얼마나 잘 조절하고 있는가?

왼쪽 표와 오른쪽 표 중 어떤 게 당신 아이에게 해당하는지, 그 정도는 어떤지 판단해보자. 당신이 매긴 점수는 능력 향상의 목표치가 될 수 있다. 왼쪽 항목에서 '많이' 또는 '아주 많이'를 선택한 경우라면 자녀가 그 영역에서 감정조절을 아주 잘 사용하고 있음을 보여주는 것이다. 오른쪽 항목에서 '많이' 또는 '아주 많이'를 선택한 경우라면 좀 더 노력이 필요하다.

	약간	많이	아주 많이		약간	많이	아주 많이
숙제가 어렵거나 시간이 오래 걸려도 긍정적인 태도를 유지한다.				숙제가 어렵거나 마치는 데 오랜 시간이 걸리면 짜증을 낸다.			
짜증나는 일이 있어도 침착함을 잃지 않는다.				작은 일에도 쉽게 짜증내고 발끈한다.			
예상치 못했던 일을 덤덤하게 받아들인다.				일이 예상대로 되지 않으면 스트레스를 받는다.			
그냥 무시하고 지나칠 줄 안다.				누군가 지적하면 상처받거나 화를 낸다.			
자신의 성질을 잘 통제한다.				화가 나면 소리를 지르거나 참지 못한다.			

짓을 보여주고, 자녀가 말하는 요점을 간단하게 한 번씩 정리해서 말해준다. 여기서 핵심은 듣는 것이다. 즉각적으로 부모의 의견을 내놓거나 문제의 해결책을 제안하고 싶더라도 자제하자. 필요할 때는 정직하게 느끼는 대로 말해주고 그 느낌이 긍정적인지 부정적인지 알려주자. 이때 자녀를 비난하며 상처를 주는 일은 없도록 해야 한다.

– 가능하면 항상 협상하자. 그리고 아주 중요한 상황에만 협상불가 카드를 제시하자. 언제든 협상 또는 양보할 의사가 있음을 내비치자. 하

지만 몇몇 특수한 상황에서는 타협의 여지가 없음을 인식시켜야 한다.

- 자녀의 요구에 반사적으로 "안 돼."라고 말하지 않는다. "안 돼."라고 말해야 할 경우도 분명 있겠지만 이를 분별력 있게 사용해야 하고 안 되는 이유도 설명해줘야 한다.

지속적으로 이런 소통 전략을 사용한다면 자녀가 감정적으로 폭발할 일은 줄어든다.

분노에 휩싸인 싸움닭

캐시는 아들이 방문을 세게 닫고 문을 잠그는 소리를 들었다. 10분 동안 캐시는 두 손으로 얼굴을 감싸고 식탁에 기대어 말없이 한숨만 쉬었다. 온몸이 떨렸다.

캐시와 아들 브래드는 그날만 두 번째로 소리를 지르며 싸웠다. 두 번 모두 같은 문제였고 여전히 해결책이 보이지 않아 더 화가 났다. 이대로라면 세 번째 싸움도 피할 수 없다. 둘 다 목이 쉬도록 소리를 지르고 진을 빼고 나서야 브래드는 분을 못 이기듯 쿵쾅거리며 자기 방으로 올라갔다. 캐시는 이런 일이 발생할 것을 예상하지 못한 것이 안타까웠다. 잠시 동안 떨어져서 생각할 시간을 가지기만 했어도 될 일이었다.

브래드는 이번 토요일, 두 시간 정도 떨어져 있는 도시에서 열리는 축구 경기를 보러 갈 예정이었다. 그런데 그날 가족 모임이 잡혀 있다고 엄마가 오늘 아침에 말해줬다. 브래드는 축구 경기가 훨씬 더 재미있을 거라며 툴툴거렸다. 캐시는 그 말에 짜증이 났고 브래드가 이기적이며 가족의 의무를 소홀히 한다고 쏘아붙였다. 브래드는 친척들 모두가 따분하다고 받아쳤고 캐시는 축구가 멍청한 운동이라고 응수했다. 캐시는 이 말을 한 것을 후회했지만 싸울 때는 감정이 끓어올라서 아들에게 되받아치지 않을 수 없었다. 이런 싸움은 브래드가 고등학교에 들어갈 무렵부터 지금까지 3년 정도 계속되었고, 싸울 때마다 육체적으로나 정신적으로나 진이 빠졌다. 지금 캐시는 완전히 지쳐버렸다. 이제는 서로 말 한마디 잘못하면 싸우게 될 정도로 관계가 틀어졌다.

남편 마크가 들어오는 소리가 들렸다. 안도감이 일면서 동시에 걱정이 되었다. 브래드의 분노가 어느 정도 아빠에게로 분산될 테지만 브래드에게는 아빠와 싸우기 위한 새로운 힘이 솟을 것이다. 남편은 아직까지 축구 경기 문제로 아들과 의논한 적이 없다. 남편이 가방을 내려놓고 넥타이를 풀 때쯤 잠겼던 문이 열리는 소리가 들렸다.

"브래드랑 아까 이야길 했어…."

"그래?" 마크의 눈썹이 올라갔다.

"이번 주에 친구와 놀러 갈 계획이 있대. 알다시피 이번 주에는 가족 모임이 있잖아. 그래서 브래드의 생각은 알겠지만…."

"아빠! 엄마가 이번 주말에 제시랑 축구 경기 보러 가지 말래요. 제시 아빠가 표를 여섯 장이나 사놨는데! 그리고 엄마는 축구가 말할 가치도 없는 멍청한 스포츠라고 했어요."

"그만해, 브래드." 마크가 말했다. "넌 지금 억지를 부리고 있어."

"세상에, 아빠까지 그러면 안 되죠!"

"아빠까지라고?" 마크의 목소리가 한 톤 올라갔다. "당연히 아빠도지. 너한테 가족 모임이 있다고 몇 달 전부터 이야기하지 않았니? 게다가 넌 산악자전거를 타러 간다고 저번 여름 가족 모임에는 참석하지 않았으니 이번에는 꼭 가겠다고 했어. 제시네 아버지가 표를 몇 장을 구해놨든 너는 절대로 그 경기에 못 가!"

"몇 달 전요? 마치 몇 달 동안 매일 이야기한 것처럼 말하시네요. 어쩌면 한 번쯤 이야기했을지도 모르죠. 하지만 난 그런 말 들은 적도 없고 죽었다 깨어나도 그 바보 같은 가족 모임엔 안 가요. 엄마 아빠 둘 다 똑같아요. 내가 죽어버리든지 해야지. 금요일에 내 방문 부수고 들어오면 침대에 차갑게 죽어 있는 나를 보게 될 거예요. 그런 나를 데리고 가족 모임에 가든가 해요."

브래드가 돌아서서 씩씩대며 계단을 올라갔다.

"날짜를 조정할 수도 있잖니!" 캐시가 브래드의 등 뒤에 대고 소리 질렀다. 브래드가 멈춰 서는 소리가 들렸다. "너무 늦었어요!" 그러고는 쾅 하고 문이 부서지는 소리가 들렸다. 마크가 캐시를 보며 말했다. "저 애가 도대체 왜 저렇게 흥분하는 거지?"

결국 그 주말에는 캐시와 마크만 가족 모임에 갔다. 대신 제시의 아빠에게 전화를 해서 어떤 일이 있어도 축구 경기에 가는 것을 허락할 수 없다고 이야기했다. 브래드의 휴대전화를 압수하고 매 시간마다 집 전화로 전화를 해서 전화를 받지 않으면 경찰에 신고하겠다고 했다.

그 후로 2주 동안 세 번의 시도 끝에 가까스로 세 사람이 함께 모여 아무도 소리 지르지 않고 한 시간 동안 이야기를 나눌 수 있었다. 모두가 성질을 부렸던 것이 상황에 적합하지 않았다고 동의했다. 마크와 캐시는 브래드의 말을 흘려듣지 않고 진지하게 받아들이겠다고 했다. 브래드 또한 부모가 지나치듯 말했더라도 잊지 말고 유념해주길 바란다는 걸 알았다. 일정이 겹치는 상황이 생기지 않도록 브래드는 친구와 약속을 확정하기 전에 부모님께 가족 일정은 없는지 확인하기로 했다. 일정을 적어놓을 수 있도록 가족 달력을 만들기로 합의하고 마크와 캐시는 브래드가 참여하기 원하는 행사나 활동이 있는지 물어봐주기로 했다.

Q&A

Q1 우리 부부도 아이들과 비슷한 상황을 겪어요. 주기적으로 싸우는 것 같아요. 화해를 하지만 얼마 안 가 아이나 우리 부부 중 하나가 폭발하고 다시 어려운 상황에 놓이게 돼요. 어떻게 하면 좋을까요?

A1 아이가 어렸을 때는 부모가 결정권자의 역할을 한다는 것을 받아들이고 부모가 자신을 위해 모든 것을 결정해주는 것에 대해 안정감을 느꼈다. 하지만 자녀가 크면 상황이 달라진다. 자녀와 부모 사이의 긴장이 수면 위로 떠오르면 별로 대립할 필요가 없는 일로도 감정 폭발을 일으켜 싸우게 된다. 이런 싸움은 주도권 때문에 벌어진다. 부모는 자녀가 나쁜 결정을 하는 것을 막아주고 싶어 하고, 자녀는 부모의 그런 행동이 자신의 발전을 막고 개인적인 책임감마저 무시하는 것이라 느낀다. 브래드는 매번 있는 가족 모임에 가기보다는 축구 경기를 보러 가고 싶어 한다. 하지만 부모가 생각하기에는 브래드가 가족 모임에 가는 것이 축구 경기를 보러 가는 것보다 중요한 일이다. 사소한 의견 차이가 싸움이 되고, 인격 모독에 이어 경솔한 행동으로 이어졌다. 이 상황에는 두 가지 문제가 있다. 양쪽 모두 감정을 조절하지 않았고 소통하지 못했다. 대화로 잘 해결할 수 있는 주제에 대해서 부모나 자녀 어느 쪽이든 감정적으로 반응하면 양쪽 모두 감정적으로 치닫게 된다.

이 문제를 해결하는 최선의 방법은 서로를 인정하는 것이다. 자녀의 감정조절이 약한 경우에는 특히 차가운 인지를 해야 한다. 논의가 다른 방향으로 흘러가 버리거나 열기를 띠기 시작하면 잠정적으로 논의를 끝내고 다른 시간에 다시 논의하기로 한다. 가장 좋은 방법은 자녀에게 "우리 둘 다 주제에서 벗어나 쓸데없는 것에 화를 내고 있는 것 같으니 나중에 다시 이야기하는 게 어떻겠니?"라고 말하는 것이다. 이런 접근 방법이 공격적으로 느껴질 수도 있다. 이때 "이 문제에 대해서 합리적으로 이야기하기엔 네가 너무 화가 난 것 같으니 나중에 이야기하자."라는 식으로 말하지 않도록 유의해야 한다. 이런 식의 말은 부모는 옳고 자녀는 틀렸다는 것을 암시하기 때문이다. 첫 번째 말이 더 적절한 이유는 질문의 형태를 띠고 있기 때문이다. 논의를 계속할지 말지를 자녀에게 결정하게 하는 것은 효과적인 방법이다. 자녀가 스스로의 감정 상태를 판단할 능력이 있다고 믿는다는 뜻이기 때문이다.

Q2 처음부터 문제가 일어나지 않도록 방지하는 방법은 없을까요?

A2 10대 자녀와 부모는 종종 일정이 겹치는 문제로 충돌한다. 이 문제를 해결하는 가장 좋은 방법은 잘 보이는 곳에 가족 달력을 거는 것이다. 그리고 부모와 자녀 모두 이것을 사용하도록 훈련해야 한다. 집의 모든 구성원이 일정을 잡기 전에 달력을 확인하는 것에 익숙해지면 브래드와 부모가 겪은 것과 같은 싸움은 피할 수 있다.

12

융통성 강화하기

융통성이란 갑작스러운 변화가 있을 때 그 변화를 받아들이고 계획을 수정하는 능력이다. 융통성이 있는 사람은 상황이 흘러가는 대로 따를 수 있고 힘든 상황에도 적응할 수 있다.

융통성이 있는 사람은 마지막 순간에 계획이 바뀐다 해도 좌절하지 않는다. 실망감이나 분노에 휩싸이지 않고 어떻게 하면 문제를 해결할 수 있을지를 생각한다. 융통성이 없는 10대는 예상치 못한 변화를 두려워하고 짜증을 내거나 화를 낸다.

융통성은 어떻게 발달하는가?

자녀가 유아기에 이르면 부모는 환경을 조금씩 바꿔본다. 아이가 새로운 사람이나 상황, 일정에도 잘 적응하길 바라기 때문이다. 예를 들어 새로운 베이비시터나 선생님을 만나는 순간, 어린이집·유치원·초등학교에 입학하는 상황 등에 아이가 잘 적응하기를 바란다. 이와 더불어 일상생활에서도 크게 감정의 동요 없이 생활하기를 기대한다. 뜻밖의 상황에서 융통성을 잘 발휘하는 아이도 있지만, 그렇지 못한 아이는 새로운 상황에 적응할 때까지 시간이 걸린다.

융통성이 부족한 아이는 어렸을 때부터 특정 행동을 보인다. 똑같은 일을 반복하길 고집하거나 예상치 못한 변화가 생겼을 때 심하게 떼를 쓰곤 한다. 또한 마음속에 하고 싶은 일이 떠오르면 그 일이 그대로 일어날 것이라 기대한다. 기대하던 일이 일어나지 않으면 감정을 폭발시키거나 위협적인 행동을 보인다.

융통성이 부족한 10대 자녀는 변화에 대해 분노로 반응하기도 하지만 다른 방식으로 감정을 표현하기도 한다. 부당하다고 불평하거나, 변화를 받아들이지 않거나, 부모의 제안을 거부하는 식이다. 그럴 때 부모가 강하게 나가면 앞서 말한 '뜨거운 인지'에 불을 붙이는 꼴이 되어 결국 큰소리로 언쟁이 오고가는 결말을 초래한다.

자녀의 융통성에 대해 좀 더 자세히 알아보기 위해 223쪽의 질문지에 답해보자.

당신의 10대 자녀는 얼마나 융통성이 있는가?

왼쪽 표와 오른쪽 표 중 어떤 게 당신 아이에게 해당하는지, 그 정도는 어떤지 판단해보자. 당신이 매긴 점수는 능력 향상의 목표치가 될 수 있다. 왼쪽 항목에서 '많이' 또는 '아주 많이'를 선택한 경우라면 자녀가 그 영역에서 융통성을 아주 잘 사용하고 있음을 보여주는 것이다. 오른쪽 항목에서 '많이' 또는 '아주 많이'를 선택한 경우라면 좀 더 노력이 필요하다.

	약간	많이	아주 많이		약간	많이	아주 많이
작문이나 프로젝트 같은 개방형 과제를 선호한다.				하나의 정답이 있는 과제를 좋아한다.			
생각대로 되지 않아도 차선책을 가지고 있다.				어떤 문제에 대해 하나 이상의 해결책을 생각해내길 어려워한다.			
계획에 변화가 생겨도 쉽게 적응한다.				예상치 않은 변화가 생기면 충격을 받는다.			
재빨리 생각하고 대응하는 것에 능숙하다.				사전에 준비해야 한다.			
무언가를 즉흥적으로 만들어낼 수 있다.				머릿속에 세운 계획대로 되지 않으면 화를 낸다.			

융통성 향상시키기

• 되도록 항상, 특히 자녀가 원하지 않는 일이라면 어떤 일이 있을지 미리 알려준다.

• 일정을 유지하려고 노력한다. 하지만 동시에 어느 정도의 융통성은 기를 수 있도록 가르친다. 예를 들어 저녁식사를 5시에 할 거라고 말하는 대신에 5~6시 사이에 할 거라고 범위를 정하는 것이 좋다. 병원 예약

이나 모임 등 약속 시간이 정해져 있어도 10~15분 정도 일찍 가야 한다고 알려준다.

• 친숙하지 않은 상황을 다룰 수 있도록 대본을 만들어준다. 예를 들면 전화로 약속 잡는 법을 연습하게 한다든가 취업 인터뷰 때 어떤 대답을 할 것인지 미리 연습하게 한다.

• 어떤 상황에서 무엇을 맞닥뜨리게 될지 예상할 수 있도록 도와준다. 정보를 충분히 가지고 있으면 새로운 상황을 맞닥뜨렸을 때 더 편하게 대처할 수 있다.

부모가 '어쩌면'이라고 말하면 '오케이'라고 듣는 10대

"아빠, 제가 백만 원을 모으면 오토바이를 보자고 했었죠? 드디어 백만 원을 모았어요. 기억나세요? 이거 보세요. 필요한 것보다 더 모았어요. 그러니까 지금 보러 갈 수 있어요?"

존은 잡지를 내려놓고 아들을 바라봤다.

"진정해라, 케빈. 내가 그랬지. 미안하지만 이번 주에 엄마랑 난 엄청 바빠. 엄마는 화요일부터 밤 근무고 아빠는 이번 주 안으로 레스토랑의 메뉴를 바꿔야 해서 일주일 내내 레스토랑에서 살다시피 해야 돼. 나중에 다시 이야기하자. 어쩌면 다음 주 금요일 오후에 시간이 날지도 모르지만 지금으로선 확실하게 약속할 수 없어."

케빈은 좋아서 소리를 지르며 겅중겅중 뛰었다. 컴퓨터 앞에 앉아서 오토바이 모델을 검색하며 얼마 전 발급받은 면허증을 번갈아 봤다. 그

주가 지나갔다. 케빈은 여느 때와 다름없이 학교를 오갔고 숙제를 했다. 달력에는 금요일에 별표와 동그라미를 그려놓았다. 드디어 금요일, 학교에서 돌아온 케빈은 급히 아빠에게 달려갔다.

"아빠, 금요일이에요! 보세요. 정말 맘에 드는 오토바이 네 대를 뽑아놨어요. 매장이 어디에 있는지도 알아요. 모두 가까운 곳에 있고 아빠가 생각하는 안전 기준에도 다 맞아요."

존은 외투를 손에 들고 섰다.

"케빈, 미안하지만 난 레스토랑에 가봐야 해. 디너 타임 전에 새로운 메뉴를 시식해보기로 했어."

케빈은 들고 있던 종이를 탁자에 떨어뜨리고는 짜증난 얼굴로 아빠를 쳐다봤다.

"아빠가 금요일에 가자고 했잖아요. '금요일이다, 케빈.' 아빠가 그렇게 말했어요."

"나는 어쩌면 금요일 오후에 될지도 모른다고 했다, 케빈. 어쩌면이라고."

"아빠가 금요일이라고 했어요. 아빠가 하라는 것은 다 했어요. 공부도 열심히 했고, 저축도 하고, 허락도 받고, 아빠랑 계획도 세웠어요. 그런데 지금 와서 너무 바쁘다고요? 아빠, 이건 약속이에요. 금요일로 약속했잖아요."

"케빈, 똑같은 말을 또 해야겠구나. 너는 뭔가 필요할 때마다 당장 해내라고 하잖니. 아빠가 할 일 없이 앉아서 좋아하는 TV프로그램을 봐야 하니까 지금 너를 도와줄 수 없다고 말하는 게 아니잖아. 일을 하고 있다고. 다른 사람에게 뭔가를 부탁할 때 상대가 '어쩌면'이라고 말하면 그건 '오케이'가 아니야. 상대가 '그래요'라고 해도 지금 당장 그 일을 해준다는 뜻이 아니야. 자기가 한 말에 책임을 지지 않아도 된다는 말이 아니라, 일이 네 계획대로 되지 않는다고 해서 버럭 화를 내면 안 된다는 말이야."

"버럭 화를 낸다고요?" 케빈은 이제 거의 소리를 지르고 있었다. "버럭 화를 낸다니요? 나는 남이 나를 어떻게 대하는지를 보고 그 사람을 대해요. 나는 매일 어른들의 지시를 받아서 오늘 할 일, 내일 할 일, 3개월 동안 할 일을 체계적으로 처리해요. 그런데 막상 내가 다른 사람에게 내 요구를 존중해달라고 하면 무시당하죠. 이건 말이 안 돼요. 나는 어른스럽게 부탁했는데 아빠가 나를 애 취급하고 있어요!"

케빈은 부엌으로 가서 컵에 주스를 따라 테이블에 세게 내려놓았다. 오렌지주스가 종이 위에 튀었다.

"케빈, 내 말을 들어봐. 네가 이유 없이 화낸다는 게 아니야. 이렇게 화를 내는 게 생산적인 반응이 아니라는 뜻이야. 그리고 네가 알아야 할 게 있어. '어쩌면'은 약속이 아니야. 너한테 이번 주에 얼마나 바쁜지 이야기했는데 그 말은 한쪽 귀로 흘려들은 것 같구나. 어찌됐든 네가 존중에 대해서 이야기하는데 아빠는 현실적인 거지 너를 속이는 게 아니야. 시간이 나면 가능한 한 빨리 오토바이를 사도록 도와줄게. 하지만 너도 가족의 일정을 존중하고 융통성을 길러야 해. 그게 가족인 거야."

케빈은 주스가 가득 든 컵 너머로 창을 바라봤다. 그러고는 위층으로 올라갔다. 두 시간 뒤에 집에 돌아온 엄마가 오렌지주스가 묻어 있는 종이와 가스레인지 위쪽 후드에 붙어 있는 메모를 봤다.

'죄송해요. 아빠 말이 뭔지 알 것 같아요. 내일 점심에는 친구랑 약속이 있어요. 그리고 일요일 11시부터 5시까지는 동아리 모임이 있어요. 이것 말고는 약속 없으니까 엄마, 아빠 시간 날 때 같이 가요.'

며칠 후에 세 사람이 식탁에 둘러앉았다. 그리고 엄마와 아빠는 어떻게 말하는 것이 좋을지, 그리고 케빈은 그것을 어떻게 받아들여야 할지에 대해서 전반적인 규칙을 정하기로 했다. 엄마와 아빠는 케빈에게 애매모호하게 말하지 않기로 했다. 특히 '어쩌면', '아마도'라는 말은 사용하지 않기로 약속했다. 계획이 확정되면 명확하게 '오케이'라고 말하고 약속을 지키도록 노력하기로 했다. 케빈은 '오케이'라는 말의 뜻이 상황에 따라 달라질 수 있다는 것을 이해하기로 했다. 또한 예상치 못한 일이 발생할 때는 어쩔 수 없다는 것을 받아들이기로 했다.

Q&A

Q1 저도 딸아이와 수도 없이 저런 식의 대화를 했어요. 다른 학부모들도 마찬가지더군요. 대부분의 10대가 케빈 같다는 거죠. 사춘기라서 심술을 부리는 건지 아니면 실제로 융통성이 부족한 건지 어떻게 구별할 수 있나요?

A1 케빈은 스스로를 체계적이고 책임감 있는 사람으로 인식하고 있다. 케빈의 일상은 구조화되어 있어서 계획이나 행동, 결과의 패턴을 깨면 매우 불안해한다. 케빈은 전형적으로 융통성이 부족한 10대의 행동을 보였다. 아빠가 '어쩌면'이라고 한 것을 '오케이'로 해석한 이유는 그래야 일관성 있게 일이 진행되기 때문이다.

많은 10대들이 일이 마음처럼 되지 않거나 원하는 만큼 빨리 이뤄지지 않을 때 참을성을 잃는다. 그런데 융통성이 심각하게 결여된 10대는 어떤 변화도 받아들이지 않고 다른 모든 사람들이 자신의 일정에 맞추기를 기대한다. 또한 일정에 변화가 있을 때 그 변화가 비록 사소한 것이더라도 비정상적으로 화를 낸다. 자녀가 위와 같은 문제를 일으킨다면 융통성이 부족한 것이 아닌지 의심해봐야 한다.

Q2 저는 융통성이 있는 편이에요. 상황에 맞게 계획을 변경해서 시간을 효율적으로 사용하죠. 그런데 제 아들은 융통성이 너무 없어요. 계획이 바뀌면 불같이 화를 내곤 하죠. 저와 제 아들이 잘 지낼 수 있는 방법이 없을까요?

A2 융통성 있는 부모들은 즉흥적으로 계획을 바꾸는 경우가 많다. 이런 부모와 융통성 없는 자녀가 만나면 자녀는 더 변덕스러워진다. 저녁식사를 함께하는 상황을 예로 들어보자. 융통성 있는 부모는 저녁 일정을 자주 바꾼다. 어떤 때는 일이 끝나면 바로 운동을 하러 가고 어떤 때는 집에 와서 저녁을 먹고 간다. 이런 행동은 자녀를 화나게 만든다. 왜냐하면 저녁식사 시간이 일정하지 않기 때문이다. 이 문제를 해결하기 위해서는 부모가 저녁을 먼저 먹을 것인지 운동을 먼저 할 것인지를 결정하고, 그 계획을 지켜주면 된다. 융통성 있는 부모와 융통성 없는 10대는 일관성 있게 행동할 때 가장 잘 지낼 수 있다.

13

지속적 주의력 강화하기

지속적 주의력은 산만함, 피로, 지루함을 극복하고 특정 상황이나 과제에 집중력을 발휘하는 능력을 말한다. 10대 자녀는 이 능력을 수업 시간에 집중하기, 과제하기, 집안일 하기 등에 사용한다. 지속적 주의력이 취약하면 선생님으로부터 '수업 시간에 딴짓을 하지 마라'는 말을 듣게 된다. 이 일 저 일로 여기저기 돌아다니거나 하던 일을 마치지 못한 채 다른 일을 시작하기도 한다. 부모는 자녀가 일부러 집중하지 않는다고 생각하기 쉽다.

지속적 주의력은 어떻게 발달하는가?

유아기 자녀는 관심이 있거나 신기한 활동, 대상에 대해서 지속적 주의력을 발휘할 수 있다. 하지만 우리가 다루고자 하는 지속적 주의력은 흥미가 없어도 방해물과 피로, 지루함을 견디며 주의를 유지하는 능력이다. 이런 능력이 발달하기까지는 시간이 걸린다. 부모는 아이에게 시시한 활동을 시키고 그에 대한 작은 보상을 줌으로써 지속적 주의력을 길러준다. 아이가 초등학교 저학년이 되면 적어도 20분 정도는 집중해서 숙제를 하고 15분 정도 걸리는 집안일을 마치며, 식사 시간에도 가족과 함께 계속 앉아 있게 된다.

10대 자녀에게 지속적 주의력의 문제가 있다면 오래 전부터 선생님으로부터 이 문제에 관해 들어왔거나 아이에게 도움이 되는 조치를 받아왔을 것이다. 예를 들면 선생님은 지속적 주의력이 부족한 아이를 선생님과는 가깝고 수다스러운 친구와는 먼 자리에 앉힌다. 또한 지시를 내린 후에 더 자주 확인해주거나 주의를 기울여준다.

청소년기가 되면 부모의 기대치가 높아진다. 60~90분 동안 숙제에 집중하고, 아무리 지루한 가족 모임이라도 큰 불평 없이 참석하고, 한두 시간 정도 걸리는 집안일을 해내길 바란다.

232쪽의 질문지를 통해 자녀의 지속적 주의력을 평가해보자.

당신의 10대 자녀의 지속적 주의력은 얼마나 좋은가?

왼쪽 표와 오른쪽 표 중 어떤 게 당신 아이에게 해당하는지, 그 정도는 어떤지 판단해보자. 당신이 매긴 점수는 능력 향상의 목표치가 될 수 있다. 왼쪽 항목에서 '많이' 또는 '아주 많이'를 선택한 경우라면 자녀가 그 영역에서 지속적 주의력을 아주 잘 사용하고 있음을 보여주는 것이다. 오른쪽 항목에서 '많이' 또는 '아주 많이'를 선택한 경우라면 좀 더 노력이 필요하다.

	약간	많이	아주 많이		약간	많이	아주 많이
수업이 지루하더라도 집중할 수 있다.				수업 시간에 자주 산만해지고 딴생각을 한다.			
숙제를 마칠 때까지 중단하지 않고 계속한다.				숙제가 오래 걸리는 경우에는 의욕을 잃어버린다.			
부모가 들볶지 않아도 집안일을 마친다.				누군가 간섭하지 않으면 집안일을 시작만 해놓고 마치지 못한다.			
오랜 시간이 걸리는 프로젝트도 완수할 수 있다.				프로젝트를 시작은 해놓고 끝까지 마치지 못한다.			
방해를 받아도 하던 일을 계속한다.				다른 일에 정신이 팔리면 하던 일을 계속해내지 못한다.			

지속적 주의력 향상시키기

자녀의 지속적 주의력을 길러주려면 다른 실행능력을 기를 때와 마찬가지로 자녀와 소통하고 협상해야 한다. 자녀가 특히 집중하기 어려워하는 일이 있으면 그 일을 수정하는 것이 가능할지 자녀와 이야기해보자. 가령 집안일이나 과제를 작은 단위로 분할할 수 있을지에 대해 대화한다. 이를 통해 주의력을 유지하고 일을 완수할 수 있다.

• 직접 감독한다. 10대 자녀가 부모의 감독을 받아들인다면 자녀가 어떻게 일을 하는지 주기적으로 확인한다. 이 과정에서 방해가 되는 자극들을 효과적으로 제거해줄 수 있다.

• 자녀에게 얼마나 오랫동안 과업에 집중할 수 있는지 물어본다. 그리고 실제 집중한 시간을 측정해 수치를 비교해준다.

• 과업을 흥미롭게 만든다. 자녀에게 집안일을 맡길 때는 자녀가 흥미로워하는 일과 함께 시킨다. 모든 지루한 일을 제외시키라는 것은 아니다. 부모에게 도움이 되면서 동시에 자녀에게도 생산적인 일을 시키는 것이 좋다.

• 인센티브 체계를 활용한다. 기본적으로 두 가지 형태의 인센티브 체계가 있다. 첫째는 '우선 ~하면 ~하게 해준다'는 방식으로, 하고 싶지 않은 일을 끝낸 후에 하고 싶은 일을 하게 해주는 것이다. 숙제를 마친 후에 컴퓨터를 사용하게 해주거나 방을 청소한 후에 외출을 하게 해주는 식이다. 다른 인센티브 체계는 물질적인 보상을 주는 것이다. 지시한 일을 마치면 용돈이나 옷 같은 물질적인 보상을 주는 방법도 유용하다.

• 할 일을 꾸준히 하거나 성공적으로 완수해내면 항상 칭찬한다. 자녀가 하던 일을 잠시 멈출 때마다 잔소리를 하거나 하던 일을 마저 하라고 일러주는 것보다는 자녀가 일에 집중할 때나 하던 일을 완수했을 때 관심을 기울이는 것이 좋다.

스마트폰에 시선을 빼앗긴 운전자

순식간에 일어난 일이었다. 브라이언은 나뭇가지가 도대체 어디서 나타난 건지 알 수 없었다. 대부분의 가지들은 가볍고 가늘다. 이런 굵은 가지에 걸리는 경우는 거의 없었다. 사이드미러가 덜렁덜렁 간신히 오토바이에 붙어 있었다. 브라이언은 집에 가서 어떻게 둘러대야 할지 막막했다.

브라이언은 휴대전화를 확인한 후에 여자친구에게 문자를 보냈다. 순간 오토바이가 도로를 반쯤 벗어났다. 운 좋게도 앞에 다른 물건이 없었다. 오토바이가 다시 도로로 돌아온 지 얼마 안 되어 썩은 나무 가드레일이 있는 작고 오래된 다리를 건넜다. 하마터면 다리 밑의 깊은 물에 처박힐 뻔했다.

이런 일이 처음은 아니었다. 지난 번에는 휴대전화로 페이스북을 확인하다가 앞차에 부딪혀 오토바이 앞부분이 움푹 들어갔다. 부모님에게는 주차장에서 누가 뺑소니를 치고 간 것이라 둘러댔다. 그 밖에 아슬아슬하게 목숨을 건진 사고들도 있었다. 브라이언은 자신의 민첩함에 감사했다. 덕분에 꽤나 까다로운 장소에서도 별 문제없이 운전할 수 있었다. 하지만 오늘 밤 사고는 부모님을 속이기 어려울 것 같았다.

브라이언의 엄마와 아빠는 그다지 화를 내지 않았다. 그냥 짜증이 난 정도로 보였다. 오히려 브라이언이 부모님의 이런 반응에 놀랐다. 브라이언의 아빠는 노트북을 닫으면서 브라이언에게 말했다.

"말이 나왔으니 말인데, 엄마가 네게 할 말이 있다는구나."

"어…. 무슨 이야기인데요?"

"브라이언, 네가 2주 전에 슈퍼마켓 주차장에서 뺑소니를 당했다고 말했던 거 기억나니?"

"뭐, 꼭 그랬다는 건 아니고, 누가 그렇게 만들었는지 모른다는 거죠."

"좋다. 어쨌든 너는 주차장에서 오토바이가 망가졌다고 했지?"

"네…."

"그런데 내가 수리비를 청구하러 보험회사에 갔더니 그 사람들이 네가 다른 사람의 차를 들이받는 장면이 담긴 영상을 가지고 있더구나. 내가 거짓말을 한 것처럼 돼버려서 얼굴을 들 수가 없었지."

브라이언의 아빠가 말을 이었다.

"훤한 대낮에 사람들 다 보는 데서 다른 차를 들이받는 일은 아무래도 납득이 안 돼. 네가 뭔가에 깜짝 놀랐거나 운전 중에 다른 것에 주의를 뺏긴 게 아니라면 말이야. 아마도 후자 쪽이 더 그럴듯한데 어떻게 된 일인지 정확히 말해주겠니?"

"2분도 채 안 되게 본 것뿐인데…."

"정확하게 하나도 빼놓지 말고 말하렴."

브라이언은 자기의 발끝을 보다 다시 고개를 들었다.

"이때까지 운전하면서 휴대전화를 사용했지만 아무 일도 생기지 않았어요. 저는 평소에도 두 가지 일을 동시에 해내거든요."

부모님은 쓴웃음을 지으며 고개를 저었다.

"네 생각에는 두 가지 일을 잘 해낸 것 같니?"

엄마가 말했다.

"그렇지 않아. 넌 두 가지 일을 동시에 할 수 없어. 최대한 빠르게 이쪽과 저쪽을 왔다 갔다 하는 거지. 그래서 두 가지를 동시에 한다고 착각하는 거야. 우리뿐 아니라 다른 누구도 두 가지 일을 동시에 하는 데에 능숙하지 않아. 결국 넌 너무 오랫동안 주의를 뺏겨서 그 대가를 치르게 된 거야."

브라이언은 고개를 끄덕였다.

"브라이언, 넌 오늘 밤 정말 운이 좋았던 거야. 그리고 2주 전 앞차를 들이받았던 상황은 진짜 위기일발의 순간이었어. 무슨 말인지 알겠니?"

"네."

"엄마와 나는 운전 중에 휴대전화나 다른 방해 요소로부터 널 지킬 수 있는 방법을 찾고 싶다. 도움이 될 만한 게 뭐가 있다고 생각하니?"

"제가 운전 중에는 전화를 꺼두면 어때요?"

"그 생각을 하긴 했는데 솔직히 네가 그렇게 할 수 있을지 모르겠다."

"운전 중에 휴대전화를 오토바이 트렁크에 넣어두면 어때요?"

"정말 그렇게 할 수 있겠니? 우리는 널 믿고 싶어. 하지만 첫 번째 사고를 겪고도 너는 잘못을 깨닫지 못했어. 그러니 네가 그걸 지킬 거라고 어떻게 믿겠니?"

"약속해요. 정말 노력할게요!"

엄마가 대화에 끼어들었다.

"이걸 사용하면 어떻겠니? 운전하는 동안에는 휴대전화가 작동하지 않도록 해주는 어플리케이션을 찾았어. 오토바이가 멈췄을 때나 긴급한 상황일 때는 전화를 쓸 수 있지만 운전 중에 전화 때문에 방해받을 일은 없을 거야."

"그것도 괜찮겠네요."

엄마가 덧붙였다.

"네가 직접 보험회사에 전화를 걸어 뺑소니를 당했다고 거짓말한 이유를 설명하고 앞으로 다시는 이런 일이 없을 거라고 이야기하는 게 좋겠다. 사이드미러 수리비는 네 아르바이트비에서 일주일 치씩 떼어서 충당하는 게 좋을 것 같고."

브라이언은 이렇게 되면 새 스노보드를 사는 데 지장이 있을 거라 생각했다. 하지만 그다지 나쁜 처벌은 아니라는 생각이 들었다.

"알았어요. 고마워요. 이렇게 해결돼서 다행이네요."

Q1 우리 집 아이도 오토바이 사고를 낸 후에 브라이언처럼 거짓말을 한 적이 있어요. 주차장에서 누가 들이받았다고 말했죠. 사고에 대해 솔직하게 말하게 하는 방법은 없을까요? 확실한 증거 없이 아이를 거짓말쟁이로 만들기는 싫어요. 수리비보다 아이의 안전이 더 걱정이에요. 아이가 더 안전하게 운전할 수 있도록 도와주고 싶어요. 이럴 땐 어떻게 하면 좋을까요?

A1 오토바이나 자전거를 탈 때는 사고가 일어날 수 있다고 반드시 알려주고, 사고로 인한 비용은 사고를 낸 당사자가 부담한다는 것을 설명해줘라. 설사 목격자가 없더라도 사실대로 보고하지 않을 때는 심각한 법적·금전적 대가를 치르게 된다는 것을 가르쳐줘라. 경찰, 목격자, 사고영상 등 객관적인 증거가 없거나 오토바이가 망가지지 않았다면 부모는 자녀가 하는 말을 믿어야 한다. 그래도 의심되는 부분이 있다면 위의 내용을 다시 한 번 일러주고, 부모에게 제대로 된 사실을 알려야 한다고 설명해주자. 그러고 나서 다시 실제로 무슨 일이 일어났었는지 물어보자. 자녀가 계속 같은 주장을 한다면 믿고 넘어가라.

Q2 우리 아이는 지속적 주의력 때문에 초등학교 때부터 문제를 겪었어요. 아이에게 주의력장애가 있는데도 학교는 교육계획안에 아이의

특성을 반영해주지 않았어요. 아들을 위해 무엇을 해줄 수 있을까요?

A2 자녀가 주의력장애를 진단받은 경우에는 학교에 개입과 중재를 요청할 수 있다. 학교의 특수교육 담당자를 만나 교육계획안에 대해 상담하자.

학교 관계자가 자녀에게 주의력 문제가 있긴 하지만 학교생활에 지장을 줄 정도는 아니라고 판단해버릴 수도 있다. 이때는 교내 상담사를 만나보길 권한다. 교내 상담사는 주의력장애를 가진 아이들을 수없이 다뤄봤을 것이다. 평소에 이런 학생들에게 조언을 해주고 시간표를 짜주기도 했을 것이다.

자녀가 특히 좋아하는 선생님이 있다면 그 선생님과 의논해보는 방법도 있다. 헌신적인 선생님들은 학생을 성공적으로 이끄는 일을 한다. 자리를 바꿔주거나, 휴대전화 사용을 감시하여 방해 요소를 줄여주거나, 관심과 주의를 기울여주는 등의 방법으로 자녀를 도와줄 수 있다.

14

과제착수 강화하기

과제착수는 해야 할 일을 미루지 않고 제때에 곧바로 시작하는 능력이다. 과제착수가 뛰어난 사람은 할 일이 정해지면 즉시 시작하거나 언제 마쳐야 할지를 정하고 계획대로 시작한다.

우리 모두 좋아하지 않는 일은 미루는 경향이 있다. 상황에 잘 휘둘리는 10대는 보다 더 즉각적인 만족을 주는 활동, 특히 또래와 관련된 것부터 하려는 성향이 있다. 당신의 아이가 주말에 중요한 과제를 끝내기로 계획해놓았는데 쇼핑을 가자는 친구의 전화를 받는다면 어떻게 반응할지 상상해보자.

10대는 아이러니하게도 하기 싫은 일은 할 시간이 없다고 여기면서도 정작 그 일을 금방 끝낼 수 있다고 착각한다. 아이는 과제를 금방 마칠 수 있을 거라 확신하며 친구와 놀고 나서도 시간이 충분히 있을 거라 생각한다.

과제착수에 취약한 10대는 즉각적인 만족을 얻기 위해 또는 하기 싫은 일을 피하기 위해 자신이 원하는 것만 하려 든다. 그 결과 엉성하게 과제 조사를 하거나 "다음 주엔 꼭 시간을 내서 치울게요, 약속해요."라는 말만 하고 방을 돼지우리로 만들어버린다.

과제착수는 어떻게 발달하는가?

부모는 어린 자녀에게 비교적 단순한 수준의 작업이나 집안일을 알려준다. 자기 방만 정리하게 하거나 장난감을 치우라고 지시한다. 이때 '할머니의 법칙'을 사용한다. 할머니의 법칙은 별로 하고 싶지 않은 것을 먼저 하면 좋아하는 것을 허락하는 방식이다. 아이가 조금 더 자라면 스스로 어떤 활동을 시작하고 마칠 수 있게 도와준다.

청소년기에 접어들면 SNS, TV 프로그램, 또래집단 등에 마음을 뺏기면서 즉흥적으로 행동하는 일이 늘어난다. 이런 변화는 10대의 과제착수 발달에 직접적인 방해가 된다. 10대가 장기적인 목표를 이루려면 즐거운 활동을 선택하고 싶은 마음을 억누르고 재미는 없지만 목표에 궁극적으로 도움이 되는 일에 착수해야 한다. 242쪽의 질문지를 통해 자녀가 얼마나 과제를 잘 시작하는지를 알아보자.

당신의 10대 자녀는 좋아하지 않는 일을 얼마나 잘 시작하는가?

왼쪽 표와 오른쪽 표 중 어떤 게 당신 아이에게 해당하는지, 그 정도는 어떤지 판단해보자. 당신이 매긴 점수는 능력 향상의 목표치가 될 수 있다. 왼쪽 항목에서 '많이' 또는 '아주 많이'를 선택한 경우라면 자녀가 그 영역에서 과제착수를 아주 잘 하고 있음을 보여주는 것이다. 오른쪽 항목에서 '많이' 또는 '아주 많이'를 선택한 경우라면 좀 더 노력이 필요하다.

	약간	많이	아주 많이		약간	많이	아주 많이
숙제를 바로 시작한다.				숙제를 최대한 미룬다.			
숙제나 집안일을 하기 위해 재미있는 일을 나중으로 미루는 것을 별로 어려워하지 않는다.				해야 할 일을 위해 재미있는 일(온라인게임, 페이스북 등)을 미루는 것을 어려워한다.			
장기 과제가 주어지면 바로 시작한다.				장기 과제를 마지막 순간까지 미룬다.			
해야 할 일이 있으면 즉시 계획을 세운다.				자기가 하고 싶은 것을 생각하느라 해야 할 일을 하지 못한다.			
다른 사람들이 일을 잘 마칠 수 있도록 돕는다.				맡은 일을 잘 끝내지 못하기 때문에 다른 사람들이 일을 맡기는 경우가 거의 없다.			

과제착수 향상시키기

• 자녀가 바라는 목표를 인센티브로 활용하자. '오토바이 구입'과 같은 목표는 10대 자녀가 원하는 목표이므로 과제착수에 도움이 된다. 이와 같은 인센티브를 활용해도 과제착수에 어려움을 겪는 10대가 있다.

너무 시간이 오래 걸리는 목표거나 목표를 이루기 위해 해야 할 일이 많을 때는 과제착수가 어려워진다.

• 자녀가 바라는 목표가 아니거나 그다지 관심을 보이지 않는 목표를 달성하게 하려면 부수적인 인센티브를 제공하는 것이 도움이 된다. 자녀가 어떤 기준에 이르면 도중에 보상의 일부를 제공한다.

• 자녀의 능력에 비해 너무 과중한 목표라면 자녀가 감당할 수 있을 만큼씩 일을 분할해보자. 그리고 각각의 일을 언제 어떻게 마칠 것인지 구체적인 계획을 짜보자. 이때 자녀가 주도적으로 과정을 이끌어가게 하면 부모가 잔소리하거나 여러 번 상기시켜주지 않아도 과제착수 능력이 향상된다.

발등에 불이 떨어져도 옴짝달싹 못 하는 아이

라키샤는 세 달 전에 열 페이지 분량의 과제를 받았다. 고등학교 2학년에게는 다소 무리인 듯했다. 라키샤가 특히 걱정하는 이유는 예전에도 장기 과제를 마치는 데 어려움을 겪었기 때문이다. 라키샤는 보고서 작성은 잘 했지만 과제를 시작하는 것에 어려움을 느꼈다. 기한이 한 달 앞으로 다가왔다. 라키샤는 열 페이지나 채울 정보를 어떻게 찾을지 막막해져 컴퓨터 화면만 쳐다보고 있었다. 자료를 검색하려고 인터넷 창을 열었지만 금세 페이스북과 유튜브에 접속한다. 두 시간 뒤, 컴퓨터를 끄면서 여태 시간만 낭비했구나 싶었다.

기한이 3주 남은 시점에도 라키샤는 과제를 시작할 기미를 보이지 않는다. 라키샤는 선생님에게 가서 자신이 맡은 주제를 변경해달라고 부탁해볼 참이다. 하지만 그것도 포기했다. 그랬다간 아직까지도 프로젝트를 시작하지 않았다는 것을 인정하는 꼴이 되기 때문이다. 부모님에게 도움을 요청해보면 어떨까 생각해봤지만 부모에게 의존하는 모습을 보이고 싶지 않아 도움을 청하지 않았다. 라키샤는 이 문제를 어떻게 해결할지 고민하느라 또 한 주를 보냈다.

이제 2주밖에 남지 않았다. 라키샤는 걱정이 이만저만이 아니었지만 문제를 직시하기보다는 누군가 나타나서 자신을 이 곤경에서 구해주길 바랐다. 여태까지 한 줄도 쓰지 못했다. 그래도 한두 번은 자리에 앉아서 써보려고 했다. 하지만 금세 의기소침해지고 집중을 할 수가 없어 그만둬버렸다.

시간은 빠르게 흘렀고 기한까지는 이틀이 남았다. 라키샤는 마침내 무너져버렸다. 더는 견딜 수 없어서 부모님에게 털어놓았다. 역사 과제를 시작하지 못해 제시간에 끝내는 게 불가능할 것 같다고 말했다. 부모는 이전에도 딸이 같은 문제를 겪는 것을 지켜봤다. 딸이 노트북을 켜고 앉아 있는 동안 거실에 지키고 앉아 있던 아빠 덕분에 라키샤는 인터넷도 하지 않고 진득하게 책상에 붙어 앉아 과제에 몰두할 수 있었다. 라키샤는 두 시간만에 도입부를 마쳤다. 그 후론 각 부문마다 개요를 짜서 아빠에게 읽어주고 아빠의 도움을 받아 해나갔다. 드디어 그날 밤에 네 페이지를 완성할 수 있었다. 다음 날에도 같은 방식으로 과제를 했고, 마침내 여덟 페이지를 채우게 되었다. 라키샤는 주제를 비교적 빈틈없이 다룬 것에 만족했다.

일주일 뒤 라키샤는 C⁺가 적힌 과제를 돌려받았다. 라키샤는 낮은 점수를 보고 화가 났다. 선생님이 '창의성은 돋보이지만 두서가 없고 문법적인 실수가 많아 과제의 수준이 떨어졌다'고 이야기해줬다. 선생님은 과제의 점수를 올릴 기회를 주겠다며 온전한 문장으로 다시 다듬어 오라고 했다. 라키샤는 처음에는 거부했지만 선생님으로부터 과제를 어떻게 고쳐야 할지 이야기를 듣고서 자신의 과제를 다시 다듬기로 결정했다. 그 결과 과제의 최종 점수는 B⁺가 되었다. 라키샤와 부모는 결과에 만족했다. 하지만 여전히 더 큰 문제가 남아 있었다. 아빠가 말했다.

"라키샤, 엄마와 아빠는 이번 과제의 결과에 만족해. 하지만 네가 제때 마쳐야 하는 일을 시작하지 못하는 것이 진짜 문제란다. 모든 선생님이 너에게 한 번 더 기회를 주진 않거든."

라키샤는 부모님이 어떤 걱정을 하는지 잘 알고 있었다. 하지만 이 문제를 어떻게 해결해야 할지 알지 못했다. 부모도 갈피를 잡지 못하기는 마찬가지였다. 주변에 방해 요소들을 제거하는 것만으로는 효과가 없었다.

"문제가 뭔지 알아요. 전 뭔가 시작하는 게 힘들어요. 처음에는 별 거 아니라고 생각했어요. 시간이 충분하다고 생각했거든요. 하지만 시간이 지날수록 과제에 압도돼버려서 시작하기가 어려웠어요."

엄마가 말했다. "엄마는 직장에서 커다란 프로젝트를 맡게 되면 그 일을 작은 단위로 분할하고 각 업무마다 마감일을 정한단다. 너도 엄마처럼 해보면 어떻겠니? 과제를 작은 단위로 나누고 각각에 구체적인 마감일을 정하는 거야. 그리고 공책에 과제계획표를 마련해두는 거지."

라키샤는 이 말을 듣고 큰 규모의 과제를 맞닥뜨릴 때 겪는 스트레스를 줄일 수 있는 좋은 방법이라고 생각했다. 라키샤는 선생님을 찾아가 이 이야기를 했고, 다음 과제를 할 때는 과제계획표를 만들어 진행할 수 있었다.

Q&A

Q1 우리 아이도 비슷한 문제를 겪고 있어요. 과제의 규모가 커질수록 더욱 어려워해요. 어떻게 아이를 도울 수 있을까요?

A1 자녀가 과제를 시작하는 일을 어려워한다면 도입부와 개요 작성만 부모나 선생님이 도와주자. 전체를 완벽하게 마칠 생각은 하지 말고 전반적으로 쓰고 싶은 것이 무엇인지, 어떤 주장을 내세우고 싶은지를 적어보라고 하자. 어떤 생각을 쓸지 정하면 대강의 틀과 앞으로의 진행 방향이 그려진다.

과제착수에 취약한 10대들은 자신이 재주가 없거나 머리가 안 좋다고 생각하기도 한다. 이런 생각은 자녀의 마음을 무겁게 하고 중요한 과제를 앞두고 옴짝달싹 못 하게 만든다. 이럴 때 부모와 선생님은 자녀에게 '노력하면 할 수 있다'는 확신을 심어줘야 한다.

자녀가 결과물에 대해 미리 걱정한다면 조금이라도 하는 것이 아무것도 안 하는 것보다 낫고, 일을 마치는 것이 일부만 완벽하게 하는 것보다 낫다는 사실을 알려주자. 자녀가 두려움을 핑계로 과제에서 도망치지 않게 도와야 한다.

Q2 아들이 이번에 처음으로 아르바이트 자리를 알아보기로 했는데 시작도 못하고 두 달째 우물쭈물하고 있어요. 아들에게 이래서 되겠냐

고 하면 자기도 노력 중이라고 말하네요. 우리 애가 게으른 건 아닌데, 게다가 정말 일을 하고 싶어 하는데 도대체 행동으로 보여주는 법이 없어요.

A2 부모들한테는 아르바이트 자리에 지원하는 것이 간단한 일이겠지만 10대에게는 상당히 두렵거나 복잡한 일일 수 있다. 자기에게 알맞은 일이 무엇인지 생각한 뒤 채용공고를 찾고, 지원서를 작성하고, 면접 날짜를 정해서 참석하는 등의 과정이 필요하다. 10대에게 구직 과정은 피하고 싶을 정도로 어려운 일이다. 과제착수가 취약한 10대 자녀에게는 아래와 같은 방법이 도움이 된다.

- 제한된 탐색을 한다. 구직 활동을 시작하기 전에 자녀가 선호하는 직종을 파악하게 해서 구직 범위를 좁힌다. 탐색하는 범위를 좁히면 부담을 줄일 수 있다. 자녀에게 가장 잘 맞는 서너 개의 아르바이트 유형을 찾아본 후 각 유형에 대해 더 자세히 살펴보자.
- 첫 번째 장애물을 잘 넘게 도와준다. 자녀에게 여러 장의 지원서를 작성하게 하고 모두 다 제출하게 한다. 부모가 자녀와 함께 행동하면 더 빨리 마칠 수 있다. 그러면 자녀도 부담을 덜 수 있다.
- 긍정적인 자세가 중요하다. 자녀의 구직 과정 내내 부모가 긍정적인 자세를 유지하면 도움이 된다. 치어리더가 되라는 것이 아니다. 부정적인 언급은 삼가고 자녀의 의지에 힘을 더해주자.

15

계획·우선순위 결정력 강화하기

계획·우선순위 결정력은 목표를 달성하거나 과제를 마치기 위해 계획을 세우는 능력이다. 일의 중요도를 파악해서 가장 중요한 것에 집중하는 능력이기도 하다. 음식을 준비하거나, 직장에서 새로운 프로젝트를 수행하거나, 가정을 꾸리거나, 직장을 바꿀 때 일상적으로 이 능력이 쓰인다.

청소년기로 접어들면 계획을 짜고 우선순위를 정하는 능력이 급격히 중요해진다. 일상생활, 학업, 스포츠, 아르바이트 등의 모든 활동을 최대한 효율적으로 잘 계획해야 하기 때문이다. 예를 들어 어떤 아이는 역사 과제물을 방학이 끝난 직후 월요일에 내야 하고 그 바로 전 주말에는 열두 시간 동안 아르바이트를 해야 한다. 또는 스마트폰 구입 자금을 모으기 위해 아르바이트를 생각 중인 아이라면 친구들을 만날 기회와 공부할 시간을 함께 확보할 수 있을지 고려해야 한다.

"해양생물학자가 되고 싶어요.", "휴대전화가 갖고 싶어요.", "내가 원하는 대학에 진학하고 싶어요." 부모들은 항상 이런 말들을 들어왔다. 그리고 부모들은 그럴 때마다 "네 목표를 이루려면 지금 무엇을 해야 하니?"라고 되묻게 된다. 자녀로부터 계획이나 일련의 우선순위를 듣지 못한다면 자녀의 계획·우선순위 결정력에 문제가 있는 것이다.

계획·우선순위 결정력은 어떻게 발달하는가?

자녀가 어릴 때는 부모가 대신 계획을 짜주고 우선순위도 정해줬다. 부모와 선생님들은 크고 작은 일들의 우선순위를 정해준 후에 아이들이 계획을 세울 수 있게 도와줬다. 어린아이들은 부모로부터 자신의 하루를 계획하는 법을 배우게 된다. 학교에 들어가게 되면 학사일정을 따르게 되면서 중기적·장기적 계획을 세우는 법을 습득하게 된다. 아이가 초등학교 고학년쯤 되면 스스로 특별한 일을 계획하거나 갖고 싶은 물건을 사기 위해 용돈을 모은다. 중학교에 진학하면 방과 후 활동이나 여름방학 계획을 짤 수 있게 된다. 고등학생이 되면 대학 진학에 필요한 전략을 짜거나 아르바이트 자리를 구하기 위한 구직 계획을 세울 수 있게 된다.

계획·우선순위 결정력과 관련하여 아동기와 구분되는 청소년기만의 차별된 요소가 두 가지 있다. 10대들이 추구하는 목표는 복잡할 뿐 아니라 달성하는 데 오랜 시간이 걸린다. 이는 계획 과정 또한 더 복잡해지고 길어진다는 뜻이다.

그리고 지금까지는 부모가 자녀의 우선순위를 결정해줬지만 청소년이 된 아이는 스스로 우선순위를 정하려 한다. 많은 부모들이 우선순위를 놓고 자녀와 주도권 다툼을 하느라 갈등을 겪는다. 자녀의 생각을 무시하고 결정권을 독차지하려 들면 자녀는 저항하게 된다. 자녀의 계획·우선순위 결정력을 길러주려면 협상과 양보를 해야 한다.

252쪽의 질문지를 활용하여 자녀의 계획·우선순위 결정력을 평가해보자.

계획 · 우선순위 결정력 향상시키기

• 자녀에게 계획 능력을 가르칠 때는 먼저 자녀가 원하는 목표가 무엇인지 파악하자. 그 목표를 이루기 위해 계획이 필요하다면 실행능력을 가르치는 데 활용할 수 있다. 자녀 스스로가 의미 있다고 느끼는 목표라면 더 많은 노력을 기울일 것이다. 자녀에게는 수학 문제를 풀게 하는 것보다 스키 여행에 필요한 돈을 모으게 하는 것이 더 동기 부여가 된다. 하지만 수학 과제는 반드시 해야 하는 것이므로 부가적인 인센티브를 활용하는 방법을 써보자.

당신의 10대 자녀는 계획·우선순위 결정력을 얼마나 잘 활용하는가?

왼쪽 표와 오른쪽 표 중 어떤 게 당신 아이에게 해당하는지, 그 정도는 어떤지 판단해보자. 당신이 매긴 점수는 능력 향상의 목표치가 될 수 있다. 왼쪽 항목에서 '많이' 또는 '아주 많이'를 선택한 경우라면 자녀가 그 영역에서 계획·우선순위 결정력을 아주 잘 사용하고 있음을 보여주는 것이다. 오른쪽 항목에서 '많이' 또는 '아주 많이'를 선택한 경우라면 좀 더 노력이 필요하다.

	약간	많이	아주 많이		약간	많이	아주 많이
과제를 하기 위해 필요한 단계를 잘 파악한다.				어디서부터 시작할지 또는 어떻게 계획을 짜야 할지 모른다.			
중요한 것이 어떤 것인지, 우선적으로 마쳐야 할 것은 무엇인지 안다.				할 일이 많을 때는 우선순위를 정하기 어려워한다.			
하루 계획을 종이에 적어두거나 기억해둔다.				되는 대로 하루를 보내다가 마쳐야 할 일이 있다는 걸 나중에야 깨닫는다.			
과제를 작은 단위로 나눠 계획에 따라 진행한다.				장기적인 과제를 현실적인 계획 없이 마지막에 몰아서 한다.			
자신이 원하는 것을 사기 위해 돈을 모은다.				비싼 물건을 원하면서도 돈을 모을 줄 모른다.			

• 자녀가 특별히 중요하게 여기는 목표에 대해서는 한계점을 사전에 알려주자. 예를 들어 자녀가 가고 싶어 하는 대학이 있는데 금전적인 제한이 있다면 자녀가 대학 진학 준비를 시작하기 전에 알려줘라.

• 계획 과정에 자녀를 최대한 참여시키자. 최소한의 설명만 듣고도 스스로 시작할 수 있는 아이들도 있다. 이들은 친구나 선생님과 생각을

교환하거나 인터넷을 통해 정보를 모아서 부모와 논의하기도 한다. 하지만 자녀가 이렇게 하지 못하는 경우에는 단순히 지시만 하기보다는 질문을 통해 목표에 이르는 과정을 진행해나갈 수 있게 도와주자.

• 자녀가 과제를 시작하는 방법을 모르는 경우도 있다. 그럴 때는 자녀에게 가장 먼저 해야 할 것이 무엇인지, 그 다음 단계에는 무엇을 해야 할지, 전체 과정을 어떻게 진행할 것인지를 물어보자. 그런 뒤에도 자녀가 과제를 시작하지 못한다면, 자녀에게 대안들을 제시하고 그중에서 선택한 것을 어떻게 실행할 수 있을지 논의해보자.

실패를 부르는 무계획적 소비

"준비 다 됐어요?"

"거의 다 됐단다."

"아빠는 아침 내내 거기에 앉아서 뭐 하는 거예요?"

헨리는 아빠의 팔을 꽉 잡고 끌어당겼다.

"알았다, 헨리. 금방 끝낼게. 내가 이유 없이 여기 앉아 있겠니."

"그나저나 뭐하고 계신 거예요?"

"이제 곧 월말이잖니. 연말도 금세 다가올 테고. 그래서 우리집 재정을 정리해보려고 한단다. 누나 다음 학기 등록금도 내야 하고, 너도 애쉴리네 가족과 플로리다로 놀러가기로 하지 않았니? 네가 따로 모아둔 돈도 많지 않을 것 같은데…. 주거래은행도 바꾸고 대출도 재정비하려 한단다. 이 모든 걸 잘 해내려면 계획을 잘 세워야 해."

"크리스마스 선물도 잊지 마세요. 그리고 제 오토바이도 알아보기로 했잖아요."

"어떤 오토바이를 원하는지 그리고 그걸 어떻게 구입할지 생각해봤니?"

헨리는 잠시 꾸물거렸다.

"백오십만 원쯤 모아뒀어요. 그 정도면 살 수 있을 것 같은데. 그 금액을 넘지 않는 오토바이들을 보고 다니는 중이에요."

"음…. 우리가 준 목록 아직도 갖고 있지? 네 돈으로 네 오토바이를 사는 거지만 엄마나 나는 안전이 최우선이라고 생각해. 보험은 꼭 들어야 하고."

"네. 보험은 아빠가 알아봐주신다고 엄마가 그러던데요?"

"그래. 하지만 네가 직접 알아보는 게 좋을 것 같구나. 네 보험료는 네가 낸다는 거 잊지 마라."

"저한텐 백오십만 원이 있고 아르바이트도 하고 있어요. 계속 일을 한다면 백오십만 원짜리 오토바이를 살 수 있을 거고 제 보험료도 낼 수 있어요. 다 잘될 것 같아요. 분명 잘될 거예요."

"내 생각에는 말이다, 네가 계획을 충분히 세우지 않는 것 같아 걱정이 돼. 요전에 이야길 나눌 때도 네가 무엇을 원하는지, 무엇이 필요한지 잘 모르는 것 같았거든. 준비가 안 돼서 원하는 오토바이를 갖지 못하게 되는 일은 없었으면 해."

"실은 뭐부터 시작할지 생각을 안 했던 것 같아요. 간단해 보였거든요. 그저 돈을 모아서 오토바이를 사면 될 거라고 생각했어요."

"그래, 알아. 간단해 보였을 거야. 하지만 현실적으로 처리해야 할 세부적인 것이 많단다. 우리는 네가 알아야 할 것들을 잘 이해해서 원하는 결과를 얻었으면 한단다."

"아빠 말이 맞아요. 이제 제가 뭘 해야 할까요?"

"네가 어떤 조사를 할 수 있을지 생각해보자. 오토바이들이 안전성 면에서도 적합한지를 알아보면 어떨까? 네가 적절한 목록을 만들면 우리가 같이 이런저런 논의를 해볼 수 있어. 오토바이는 유지보수를 해줘야 한단다. 보험도 들어야 하고. 네가 백오십만 원을 모았다고 했잖아? 난 우선 백오십만 원에 너무 집착하지 않았으면 해. 좀 더 저렴한 오토바이를 찾을 수 있는지 보자. 그러면 예상치 못한 비용이 발생하더라도 대처할 수 있을 거야."

"좋아요, 아빠. 좋은 생각이에요."

Q&A

Q1 아들이 오토바이 살 돈을 모으면 좋겠지만 결국 부모가 사주게 되겠죠. 아들은 오토바이 구입에 얼마나 비용이 드는지 이해를 못하는 것 같아요. 그다지 감사해하지도 않고요. 아들이 오토바이를 사주는 것이 얼마나 큰 비용을 들이는 건지 깨달을 때까지 오토바이 구입을 미룰까 해요. 그래도 될까요?

A1 처음 해보는 일을 할 때는 누구나 타인의 도움을 필요로 한다. 그런데 실행능력이 부족한 10대는 자신에게 어떤 도움이 필요한지, 누구에게 도움을 청해야 하는지를 모른다. 또한 자신에게 정보가 부족하다는 것조차 모를 때가 많다. 헨리는 대부분의 사람들이 임기응변으로 중요한 결정을 한다고 믿었던 것 같다. 그럼에도 불구하고 헨리의 아버지는 자녀를 나무라거나 알아서 하라고 방치하지 않았다. 대신 아이가 얼마큼 알고 있는지 파악해본 다음 필요한 것을 가르쳐줬다.

자녀가 오토바이가 얼마나 큰 자산인지 전혀 모르고 있는 경우라면 구입 시기를 늦추는 것도 좋은 방법이다. 그렇지 않으면 오토바이를 조심스럽게 다루지 않을 것이기 때문이다. 자녀가 오토바이 가격뿐만 아니라 부가적인 비용들에 대해서 충분히 이해하지 못한 것 같으면 자녀가 알고 있는 것과 그렇지 않은 것이 얼마큼인지 사전에 살펴봐라. 그런 다음 필요한 것을 가르쳐주자. 헨리의 아버지처럼 말이다.

Q2 우리 아이는 고등학교를 졸업하고 1년 동안 여행을 다니겠다고 돈을 모으는 중이에요. 대학은 그다음 해에 입학할 생각이고요. 딸은 우리가 허락도 해주고 자금도 지원해주길 바라요. 하지만 정작 1년이 지나 대학에 가지 않겠다고 할까 봐 걱정이에요. 딸이 고등학교를 졸업하자마자 대학에 들어가야 한다고 생각하지는 않아요. 다만 무작정 미룰까 봐 걱정인 거죠.

A2 이 문제에 대해서는 쉽게 조언하기가 어렵다. 자녀는 재정적 후원자이자 애정의 공급원인 부모에게 의존하고 있다. 질문자는 위 문제를 계획·우선순위 결정력의 문제로 보고 있는데, 자녀가 어떤 생각을 가지고 있는지를 먼저 확인해야 대처 방안을 결정할 수 있다.

강하게 밀어붙이거나 공격적으로 나가는 건 좋은 생각이 아니다. 질책하거나 겁을 주면 자녀는 부모의 진심을 알아채지 못한다. 이 문제를 힘겨루기로 만들어버리면 진짜 문제를 보지 못하게 된다.

침착하게 다가가 자녀가 목표한 것에 반대하는 이유들을 하나씩 짚어줘 보라. 그리고 자녀가 한 결정으로 인해 다른 기회들(대학 입학, 장학금, 재정적 지원, 학업 등)을 놓치게 된다는 것 또한 알려주자. 마지막으로 부모는 자녀가 대학에 가길 바라며 대학에 진학할 경우에는 등록금을 지원해주겠다고 말한다. 반면 자녀가 여행을 가겠다면 그 비용은 스스로 마련해야 한다는 것을 알려준다. 말하는 태도가 강압적이어서는 곤란하다. 자녀의 독립심을 인정하지만 부모로서도 결정권이 있다는 것을 알려줄 필요가 있다.

16

정리와 체계화 강화하기

정리와 체계화는 중요한 것을 정리하거나, 그 위치를 파악하는 체계를 만들고 유지하는 능력을 말한다. 잘 정돈된 환경을 유지하면 물건을 찾느라 시간을 낭비하지 않고 바로 해야 할 일을 시작할 수 있어서 가정에서나 직장에서 효율이 높아진다. 스트레스를 감소시키는 효과도 있다. 정리와 체계화가 부족한 10대에게 물건을 찾는 것은 상당한 스트레스가 된다.

10대는 일을 마치기까지 걸리는 시간을 과소평가하는 경향이 있다. 결과 기한에 가까워져서야 일을 시작하고 그 일에 꼭 필요한 자료를 찾지 못해 굉장한 스트레스를 받는다. 결국 "제 가방 어디다 뒀어요?"라며 가방 못 찾는 걸 부모의 탓으로 돌리는 듯한 말을 한다. 그래서 부모나 10대 자녀 모두에게 정리와 체계화를 기르는 것은 매우 중요하다.

정리와 체계화는 어떻게 발달하는가?

자녀가 어릴 때는 부모가 정리와 체계화에 많은 도움을 준다. 아이가 생활공간을 깨끗하게 정리하도록 정리함이나 바구니, 책장과 같은 정리 체계를 만들어준다. 이를 통해 아이들은 자료나 도구 정리 방법을 이해하게 된다. 부모와 자녀가 함께 방을 청소하기도 한다. "먼저 신발부터 신발장에 집어넣자.", "이제, 장난감 트럭들은 트럭 박스에 집어넣자."와 같은 대화를 나누다가 아이가 더 자라면 "거실에서 음료수 마시는 건 금지야." 또는 "네 방으로 가기 전에 더러워진 옷은 빨래바구니에 넣어라."와 같은 규칙들을 만든다. 자녀가 학교에 다니게 되면 선생님과 부모는 가정통신문과 부모동의서를 주고받으면서 이 능력을 키워주고 아이는 자기 물건을 제자리에 두는 법을 익힌다. 9살에서 10살에 이르면 과제나 수업 자료를 어디에 뒀는지 기억하고 중학생이 되면 체육복, 악기, 전자기기 등을 잃어버리지 않게 된다. 부모는 점차 물러서서 필요할 때만 개입한다.

260쪽의 질문지를 참고해 아이의 정리와 체계화를 평가해보자.

정리와 체계화 향상시키기

아이들은 다른 실행능력과는 달리 정리와 체계화에서만큼은 부모의

당신의 10대 자녀는 정리와 체계화를 얼마나 잘 활용하는가?

왼쪽 표와 오른쪽 표 중 어떤 게 당신 아이에게 해당하는지, 그 정도는 어떤지 판단해보자. 당신이 매긴 점수는 능력 향상의 목표치가 될 수 있다. 왼쪽 항목에서 '많이' 또는 '아주 많이'를 선택한 경우라면 자녀가 그 영역에서 정리와 체계화를 아주 잘 사용하고 있음을 보여주는 것이다. 오른쪽 항목에서 '많이' 또는 '아주 많이'를 선택한 경우라면 좀 더 노력이 필요하다.

	약간	많이	아주 많이		약간	많이	아주 많이
물건을 잘 찾을 수 있게 가방을 잘 정리한다.				가방이 엉망이어서 필요한 것을 찾지 못한다.			
자기 방을 깨끗하게 정리하는 것을 당연하게 생각한다.				누군가 시키지 않으면 결코 방을 정리하는 법이 없다.			
공부를 시작하기 전에 책상을 깨끗하게 정리한다.				잡동사니를 산더미처럼 쌓아놓은 책상에서 공부한다.			
휴대전화, 열쇠 등 중요한 물건이 어디에 있는지 정확히 알고 있다.				중요한 물건을 어디에 뒀는지 모른다.			
물건을 사용하고 나서는 제자리에 바로 갖다 둔다.				자기 물건을 집 안 여기저기에 놓고 다닌다. 심지어 자기 집이 아닌 곳에 놓고 오기도 한다.			

도움을 기꺼이 수용한다. 필요한 물건을 찾으려면 다른 방법이 없기 때문이다. 부모가 자기 물건을 함부로 건들지 않는다면 부모의 도움을 더 잘 받아들인다. 특히 개인 공간이라 여기는 영역에 관해서는 더 민감하므로 조심할 필요가 있다. 정리해야 할 물건이 자녀의 사적인 물건일 때는 자녀에게 반드시 허락을 받고 만져야 한다.

부모가 정리와 체계화에 뛰어나면 특히 더 조심해야 한다. 부모에게는 쉽고 당연한 것처럼 보여도 10대 자녀에게는 상당히 어려울 수 있기 때문이다. 정리와 체계화가 취약한 10대는 종종 주변을 엉망으로 만드는 경향이 있는 만큼 기대치를 낮춰야 한다.

• 정리와 체계화 훈련은 자녀의 일상생활과 밀접한 관련이 있는 영역에서부터 시작하는 가장 좋다. 매일 입는 교복, 체육 시간에 필요한 운동복, 아르바이트할 때 입는 작업복부터 시작하면 좋다. 자녀가 문제상황을 개선할 방법을 찾지 못하면 몇 가지 방법을 제안하고 그중에서 선택하라고 하자.

• 아이에게 여러 가지 방법으로 상기시켜주되 역효과가 나지 않게 하려면 아이가 받아들일 수 있을 만한 방법이어야 한다. 자녀가 집을 나서기 전에 체크리스트를 보여주며 직접 확인해주거나, 메모를 눈에 띄게 붙여놓거나, 문자를 보내주거나, 자녀의 스마트폰에 적당한 어플리케이션을 깔아주는 방법도 좋다. 점차적으로 상기시켜주는 횟수를 줄여나가자.

• 청소나 방 정리를 도와주자. 자녀와 함께 정리하면서 개선 방법을 물어보고 이를 연습의 기회로 삼으면 결국 도움이 될 것이다.

• 모범을 보이자. 부모가 자꾸 자동차 열쇠나 휴대전화를 잃어버리면서 자녀에게는 정리정돈을 잘하라고 한다면 큰 효과를 볼 수 없다.

내 물건을 도저히 못 찾겠어요

'바지 일곱 벌이 있는데 바지마다 네 개의 주머니가 있고, 자켓에도 주머니가…. 모두 서른 개의 주머니가 있겠네.' 제이미는 방에 들어서며 생각했다. 바지를 벗어 바닥에 놓고 양손으로 주머니를 털었다. 그러고 나서 바지를 침대 위 옷 더미에 던졌다. 바지 일곱 벌을 모두 뒤지고 나서 제이미는 방을 둘러봤다. '어딘가 다른 바지가 있을 거야.' 제이미는 야구방망이를 쥐고 바닥에 엎드렸다. 그러고는 침대 아래에 있는 것들을 전부 끄집어냈다. 아이팟, 면봉 네 개, 손톱깎이, 더러운 양말 뭉치 세 개가 나왔다. '좋았어.' 제이미는 아이팟과 손톱깎이를 집어 들었다. '잃어버린 줄 알았는데 여기 있었구나.' 그러고는 잠시 멈춰 섰다. '잠깐, 내가 뭘 찾고 있었더라? 음…. 열쇠! 자켓!' 제이미는 책상으로 달려가 의자에 걸쳐 있던 자켓을 움켜쥐고는 계단 아래로 내려갔다. 가방을 메고 문 쪽으로 가던 참에 다시 얼어붙었다. '자켓 안에 있는 게 확실한가?' 제이미는 주머니 속에 손을 집어넣었다. 아무것도 없다. '이런 젠장. 다른 자켓에 있는 건가?' 제이미는 옷장으로 가서 옷마다 주머니를 확인했다. 하지만 열쇠는 나오지 않았다. 그는 주방으로 내려가서 물건들을 담아놓은 바구니를 뒤졌다. 거기에도 없었다. 제이미는 탁자를 살펴보다가 우편물을 하나하나 꺼내봤다. 우편물 사이에서 열쇠가 나타났다. 제이미는 열쇠를 쥐고서 달려 나갔다.

제이미는 학교에 도착해서야 가방을 식탁에 올려놓고 나왔다는 것을 알아차렸다. 세 과목의 숙제를 가져오지 않았다. 둘러댈 변명거리도 이

젠 바닥이 났다. 제이미는 몇몇 선생님한테는 숙제를 제때 내는 법이 없는 학생으로 찍혔다. 그날 저녁 집에 돌아오니 부모님이 기다리고 있었다. 예전에도 이런 적이 몇 번 있었다. 제이미의 부모는 담임 선생님에게 제이미가 숙제를 계속 늦게 제출하면 이메일로 연락을 달라고 부탁했었다.

"제이미, 오늘 아침에 지각한 거 알고 있다. 숙제도 세 과목이나 해 가지 않았다며. 무슨 일이니?"

"엄마, 오늘 아침에 열쇠를 못 찾아서 애를 먹었어요. 겨우 찾았을 때는 너무 서둘러 나가느라 가방을 깜박했고요. 솔직하게 말씀드리는데 전 숙제를 했어요. 여기 전부 놓고 갔지만요."

"그건 더 심각하구나, 제이미." 아빠가 말했다.

"그렇게 과제를 열심히 해놓고 제때 내지 않으면 열심히 한들 누가 알 수 있겠니. 문제가 더 커지는 것 같아. 엄마나 나는 네가 자꾸 뭔가를 잊어버리는 바람에 원래 받을 수 있는 성적보다 훨씬 낮은 성적을 받게 될까 봐 걱정이다."

제이미의 엄마는 헛기침을 했다.

"우리가 널 도와주면 어떨까? 우리가 숙제 제출 기한을 알려주고 네 물건들을 정리해주는 건 어때?"

"무슨 말씀인지 알겠어요, 엄마. 하지만 난 6살 아이가 아니잖아요. 엄마, 아빠가 그렇게 하시면 전 스스로 하는 법을 배우지 못할 거예요."

"이해한다, 제이미." 아빠가 말했다. "하지만 우리는 네가 제대로 된

성적을 받고 원하는 대학에 가길 바라거든."

"그럼 제가 대학에 가면 어떻게 하죠? 그땐 가방을 챙겨주거나 스터디 그룹이랑 언제 만나기로 했는지 이야기해줄 사람이 없잖아요."

"네 말이 맞다." 엄마가 말했다.

"이건 어떠니? 여러 문제들 가운데 우리 세 사람이 가장 중요하다고 보는 것만 도움을 주기로 하자. 이게 효과가 있으면 우리도 더 이상 나서지 않을게. 효과가 없을 때는 네가 어느 정도 혼자서 할 수 있을 때까지 도움을 줘야겠지. 우리는 너와 싸우려는 게 아니야. 네가 문제를 더 크게 만들어서 헤어나지 못할까 봐 그래."

제이미는 고개를 끄덕였다. 그들은 좀 더 이야기를 나누고 나서 당분간은 매일 밤 부모가 제이미의 가방이 문가에 있는지, 열쇠는 열쇠걸이에 걸려 있는지 확인하기로 했다. 그리고 제이미가 스스로 해볼 일도 몇 가지 정했다. 아이팟에 휴대전화를 묶어두고 정해둔 세 군데에만 놓아두기로 했다. 앞으로 아이팟이나 휴대전화를 찾을 때엔 컴퓨터 책상이나 식탁, 아니면 소파 팔걸이를 살펴보면 된다.

Q&A

Q1 우리는 딸의 학교생활에 꼭 필요한 것만 기억할 수 있도록 도움을 주고 있어요. 하지만 언젠가 딸이 온전히 독립해야 한다는 것을 알고 있죠. 아이에게 서서히 책임을 넘겨주는 좋은 방법이 있을까요?

A1 부모가 아이의 정리와 체계화를 키우는 데 도움을 줬다면 이제는 그 도움을 거둬들이는 것에 대해 자녀와 이야기해보자. 서서히 상기시켜주는 말을 줄이자는 것이다. 포스트잇을 욕실 거울에 붙여두는 것처럼 부모가 말하지 않고도 상기시켜줄 수 있는 시각적인 방법을 써보자. 고도로 발달된 기술 덕분에 스마트폰이 전두엽의 역할을 대행해주기도 한다. 자녀가 등교 전에 꼭 챙겨야 하는 물건들의 목록을 만들어서 스마트폰에 저장하기만 하면 된다. 자녀는 스마트폰으로부터 정보를 얻지만 그것을 설정하는 일은 자녀의 몫이다.

Q2 우리 아이는 학교에서 정리와 체계화 문제를 겪은 적은 없고 다른 보통의 10대처럼 잘 지냅니다. 하지만 방은 완전 엉망이에요. 깔끔한 부모가 볼 때는 정말 참아주기 어렵답니다. 어떻게 해야 할까요?

A2 안타깝지만 아이를 있는 그대로 두라고 말하고 싶다. 실제로 10대 자녀가 물건을 여기저기에 놓고 다니고 책상 위에 종이 뭉치를 쌓아두

는 걸 보면 정말 짜증이 난다. 하지만 자녀의 일상생활에 큰 문제가 없어 보인다면 방 청소를 강요할 방법이 없다. 자녀의 방은 부모가 점령해야 할 공간이 아니다. 자녀의 독립심을 존중하는 차원에서 자녀의 사적인 공간을 존중하는 자세가 필요하다. 만약 위생에 관한 문제가 있다면 그때는 개입할 수 있다.

그런데 부모만 자녀의 방을 보는 건 아니다. 늘 1인실을 사용할 수 있는 것도 아니다. 기숙사나 셰어하우스에서 생활하게 될 경우 다른 사람과 방을 같이 써야 한다. 이때 자녀의 친구들이나 룸메이트가 추구하는 청결의 수준은 다를 수 있다. 바로 이 점을 강조하자. 머지않은 미래에 깨끗함의 기준을 다시 세워야 할지도 모른다는 것을 가르쳐주자.

17

시간관리 강화하기

시간관리란 얼마나 시간이 있는지, 그 시간을 어떻게 쓸지, 그리고 기한까지 어떻게 시간을 보내야 할지 추산하는 능력이다. 시간관리를 잘하는 10대는 기한에 맞춰서 일의 속도를 조절한다. 대부분의 10대는 마감을 잘 지키는 편이다.

그러나 요즘은 학교나 직장에서, 그리고 사생활에서도 시간관리가 점점 어려워지고 있다. 대부분의 사람들은 잠을 줄이지 않고서는 맡은 일들을 다 해내기 어렵다. 이런 현상은 10대에게서 더 두드러지게 나타난다. 10대는 공부, 모임, 스포츠, 취미 등 해야 할 일도 많고 하고자 하는 일도 많다. 게다가 고등학교 졸업 후의 인생을 계획하느라 적잖은 압박을 느낀다. 시간관리를 아주 잘하는 10대라도 24시간이라는 한정된 시간을 제대로 활용하는 데 실패하기도 한다. 이처럼 어쩔 수 없이 시간관리에 실패하는 경우와 시간관리에 취약해서 문제가 생긴 경우를 구별하기는 쉽지 않다. 취약한 실행능력 때문에 시간관리에 어려움을 겪는 자녀는 일에 필요한 시간을 잘못 계산하거나, 자신이 만든 계획표대로 따르지 못하거나, 만성적으로 "나중에 급하게 하면 돼."라고 한다.

시간관리는 어떻게 발달하는가?

시간관리는 아동기 초기에 부모가 길러준다. 부모는 어린이집에 갈 시간이나 잠자리에 들 시간이 되었다고 자녀에게 알려준다. 아이들은 시계가 아니라 생활 순서에 따라 시간을 알게 된다. 그러다가 초등학교 2학년 무렵부터 시계가 가리키는 시간에 자신의 활동을 연결하게 된다. 청소년기에 이르면 일의 성격에 따라 소요되는 시간을 짐작할 수 있게 된다.

앞에서 오늘날 10대가 해내야 하는 일이 얼마나 많은지에 대해 이야기했다. 10대는 선택과 의무, 좋아하는 활동과 그렇지 않은 활동을 놓고 잘 조절할 수 있어야 한다. 10대는 하기 싫은 일에 걸리는 시간은 과소평가하고, 그 일을 마치기까지 주어진 시간은 과대평가하는 경향이 있다. 이런 특징 때문에 느긋하게 처리해도 되는 일과 긴급하게 처리해야 하는 일을 구분하지 못하고 시간관리에 실패하게 된다.

269쪽의 질문지를 통해 자녀의 시간관리에 대해 더 자세히 알아보자.

당신의 10대 자녀는 시간관리를 얼마나 잘 하는가?

왼쪽 표와 오른쪽 표 중 어떤 게 당신 아이에게 해당하는지, 그 정도는 어떤지 판단해보자. 당신이 매긴 점수는 능력 향상의 목표치가 될 수 있다. 왼쪽 항목에서 '많이' 또는 '아주 많이'를 선택한 경우라면 자녀가 그 영역에서 시간을 아주 잘 관리하고 있음을 보여주는 것이다. 오른쪽 항목에서 '많이' 또는 '아주 많이'를 선택한 경우라면 좀 더 노력이 필요하다.

	약간	많이	아주 많이		약간	많이	아주 많이
등교나 약속 또는 다른 활동을 할 때 시간을 정확히 지킨다.				습관적으로 늦는 편이다.			
어떤 일을 하거나 어디를 갈 때 걸리는 시간을 잘 가늠하는 편이다.				어떤 일을 하거나 어디를 갈 때 얼마나 시간이 걸릴지 잘 모른다.			
숙제나 집안일을 제시간에 마친다.				어떤 일을 하든 매번 시간이 부족하다.			
날마다 자신이 해야 할 일을 정하고 완수한다.				자신의 일과를 모두 마치기 어려워한다.			
시간을 맞추기 위해 일의 진행 속도를 조절한다.				시간이 얼마가 걸리든 원래 속도대로 일을 진행한다.			

시간관리 향상시키기

• 부모가 모범을 보여야 한다. 등교와 하교, 모임 또는 방과 후 활동이 있을 때 자녀를 데려다준다면 제시간에 도착하도록 하자. 자녀와 마치기로 정해놓은 일이 있다면 시간 약속을 지키도록 노력한다. 자녀가 부모와 할 말이 있는데 당장 들어줄 수 없는 경우에는 언제, 얼마 동안 시

간이 되는지를 알려주도록 하자.

• 자녀와 함께 일상적인 활동을 할 때 얼마나 시간이 걸릴지, 제시간에 도착하려면 언제 집에서 나서야 하는지 등을 알려주자. 자녀에게 종이로 된 달력이나 계획표 또는 스마트폰에 있는 달력이나 알람 기능을 활용하는 방법을 알려주자.

• 아침 기상과 준비 시간에 사용할 장치를 자녀가 직접 고르게 하자.

빠듯하게 짜놓은 일정

'오늘은 꼭 병원 진료 예약하기!' 마샤는 한숨을 쉬며 전화기에 붙어 있던 포스트잇을 구겼다.

"로비, 병원에 연락은 했니?"

마샤는 이미 이 질문의 대답을 알고 있었다. 마샤는 일부러 전화기에 메모를 붙여놓았다. 로비가 어떤 전화를 걸든지 이 메모를 보게 하기 위해서다. 아들이 쿵쿵거리며 내려오는 소리가 들렸다.

"무슨 일인데요, 엄마?"

마샤는 전화기를 들었다. "로비, 의사에게 전화하라고 메모를 남긴 게 벌써 3일째다. 너 학교 축구 대표팀에 들어가고 싶어 했잖아. 경기에 참가하려면 신체검사를 받고 결과를 학교에 제출해야 하지 않니?"

로비는 비웃듯이 말했다.

"축구 대표 선발이요? 엄마, 이제 겨우 6월이에요."

"로비, 지금은 6월 말이야. 대표팀 선발은 7월 말이고. 병원에 전화한다고 내일 당장 예약이 되는 것도 아닌데….”

“좋아요. 알았어요, 알았다고요. 전화기 이리 줘요. 지금 전화할게요.”

로비는 전화기로 몸을 뻗었지만 마샤가 전화기를 먼저 낚아챘다.

“지금은 병원 문 닫았어. 우리 전에 이 문제로 이야기했었잖니. 그래서 내가 아침에 출근하기 전에 너에게 메모를 전해줬고. 내가 퇴근한 후에는 병원이 문을 닫으니까 말이야.”

“알았어요, 엄마. 내일은 절대 안 잊어버릴게요.

“좋아, 알았어. 이제 저녁 먹자.”

다음 날 아침, 마샤는 출근하기 전에 로비가 잊지 않게 메모를 붙여놓았다. 전화기, 테이블, 커피메이커, 냉장고 속 우유에도 메모를 붙여뒀다. 그리고 침실 거울에도 하나, 화장실 변기에도 하나 붙여두고 나서는 살금살금 아들이 자고 있는 방에 들어가 축구공에도 하나, 알람시계에도 하나 붙였다. 그러고는 아들에게 굿바이 키스를 하고 집을 나섰다. 다 잘될 거란 생각이 들었다. 오늘 쓴 방법은 아들에게 꼭 전화를 해야 한다는 것을 알리는 센스 있는 방법인 것 같았다.

퇴근을 하고 집에 돌아오자 로비의 기분이 언짢아 보였다.

“그렇게까지 할 건 없었어요. 그러지 않아도 기억할 수 있다고요. 제가 뭘 잊어버릴 때마다 엄마가 제 기억력을 테스트하는 것 같다는 생각이 들어요. 아침에 어디로 움직이든 메모가 붙어 있어서 깜짝 놀랐어요. 내 기억력이 형편없다는 말을 듣는 기분이었어요.”

마샤는 마음이 아팠다. 그럴 의도는 전혀 없었다.

"미안해. 그러려던 게 아니었어. 좀 재미있게 보이려고 한 건데…."

로비의 굳은 얼굴이 금세 누그러졌다.

"알았어요. 전화해서 예약해뒀어요. 7월 25일 오후 3시로요."

"로비, 그 날은 대표 선발일이잖아!"

"알아요. 별일 없을 거예요. 병원에 잠깐 들렀다가 바로 축구장으로 가면 돼요."

"로비, 대표 선발 시간 바로 한 시간 전인데?"

"그래서요?"

"그리고 병원에서 축구장까지 30분은 걸려."

"그래요? 신체검사는 얼마나 걸리는데요?"

"잘 모르겠구나, 로비. 그게 문제 아니겠니? 신체검사가 얼마나 걸릴지 우린 모른다는 게…."

"그러니까 최악의 상황은 5분이나 10분쯤 늦는 거죠, 뭐."

"첫인상을 그렇게 보이게 하면 좋겠니, 로비? 왜 예약을 그렇게 한 거야? 냉장고 바로 옆에 달력이 있잖아."

"엄마가 그 이야긴 안 해줬잖아요. 엄마는 병원에 전화해서 예약하라고만 했죠. 그것도 엄청나게 많은 메모에 써 붙여서요. 그래서 그렇게 했고, 병원에서 이야기한 시간이 적당할 것 같아서 예약을 한 거라고요."

"하지만 적당한 시간이 아니잖아, 로비. 넌 계속해서 이런 식이야. 이론적인 시간표에 기초해서 계획을 잡아선 안 돼. 그래, 예약은 3시지만 우리가 늦거나 의사가 늦으면 그땐 어떻게 하니? 그리고 신체검사가 오래 걸리면? 축구장으로 가는 길에 차가 막힐 수도 있잖아."

"그럼 행성이 지구에 충돌할 수도 있겠네요, 엄마?"

"됐어! 넌 딴 데 가 있어. 내가 알아서 할 테니까."

"마음대로 하세요."

다음 날, 마샤는 병원에 전화를 해서 약속을 변경하려고 했다. 하지만 대표 선발일 이전에는 예약이 모두 차 있었다.

7월 25일 2시 30분, 마샤는 직장에서 조퇴하고 급히 집으로 돌아왔다. 로비는 젖은 수건을 두르고 이리저리 다니며 축구화와 양말을 찾아 헤매고 있었다.

"죄송해요! 죄송해요! 시간이 있는 줄 알았다고요. 축구화를 찾고 있는데 혹시 제 축구화 못 보셨어요?"

"축구화?"

"한 짝이 없어요."

"아니, 로비 난…." 마샤는 지금 상황에 무슨 말인들 소용이 있겠나 싶어 관뒀다. 마샤는 축구화 한 짝을 창고에서 발견했고 로비를 차에 태워 병원으로 달렸다. 로비는 결국 선발 시간보다 15분 늦게 도착했고, 그 때문에 코치의 훈계를 받았다.

그날 저녁 마샤와 로비는 이 문제에 대해 다시 이야기했다. 로비는 자신이 모든 문제 요소들을 다 고려하지는 못했지만 예약을 잡은 것에는 만족한다고 했다. 그리고 앞으로는 약속에 대해 책임을 지겠다고 했다. 마샤는 여러 요소들을 고려해서 약속을 잡을 수 있을 만큼 로비가 경험이 많지 않았다는 것을 깨달았다. 아들은 이동 시간이나 다른 사람의 약속, 예상치 못한 지연 등을 고려하기 쉽지 않았을 것이다. 마샤와 로비는 이야기를 나누면서, 예컨대 신체검사와 같은 어떤 활동의 조건으로 필요한 약속에는 충분한 시간을 할애하고 약속을 한 대상이 늦을 경우를 대비해서 여분의 시간을 할당하기로 결정했다. 그리고 다음부터 이런 이야기를 나눈 후 하루를 넘기지 않고 로비가 약속을 잡기로 했다. 로비가 병원 관계자와 통화하는 중에 엄마가 시간이 된다면 도와주고 엄마가 시간이 안 날 때는 로비가 휴대전화에 알람을 설정하기로 했다. 만약을 대비해서 엄마가 전화를 걸어 구체적으로 예약 전화를 몇 시에 할지 상기시켜주기로 했다. 그로부터 두 달 동안 로비는 치과 진료 예약을 직접 잡았다.

10월 말쯤 마샤는 아들 로비가 축구하는 모습을 보기 위해 학교 뒤편에 있는 경기장을 찾았다. 로비는 관람석에 앉아 정강이 보호대를 발목에 끼운채 양말을 벗고 있었다. 로비는 엄마를 발견하고는 축구화와 양말, 정강이 보호대를 집어서 몽땅 가방에 넣고 샌들을 꺼내 신었다.

"너 오늘은 장비를 다 챙겨왔구나."

"게다가 제시간에 왔어요."

"잘 하고 있어, 로비. 치과 진료 예약도 잘 처리했고. 축구를 마친 뒤 경기장에서 바로 옷을 갈아입는 것도 정말 좋은 방법인 것 같아."

"코치님이 내 제안을 받아들여서 우리 팀을 위한 페이스북을 만들었어요. 이제는 코치님이 일정표를 만들어 축구 경기나 활동들을 알려주면 계획 세우는 데 차질이 없을 거예요"

Q&A

Q1 우리 아들은 약속에 필요한 시간을 충분히 잡지 않는 바람에 약속 시간보다 늘 30분씩 늦는답니다. 어떻게 해야 하죠?

A1 대부분의 10대는 소요 시간을 실제보다 적게 예상하는 경향이 있다. 상황을 너무 단순화시켜서 받아들이기 때문이다. 이런 아이들은 치과 진료에 30분이 걸리고 치과까지 가는 데 걸리는 시간은 15분이니까 병원 진료를 받으러 갔다 오기까지 총 한 시간이 걸릴 것이라 예상한다. 그래서 딱 한 시간 전에 집을 나서는데, 이때 예기치 않게 열쇠를 찾지 못하는 상황이 벌어지게 되는 것이다. 10대는 이처럼 예측 불가한 상황을 간과하기 때문에 종종 이런 문제를 겪게 된다. 우리는 아이들이 교통 정체가 심각한 도시에 살고 있으면서도 아주 이상적인 환경에서나 가능한 이동 시간을 생각해서 정확하게 딱 그만큼만 시간을 배정하는 것을 보게 된다. 지방에 거주한다고 해도 날씨에 따른 교통 문제나 갑작스럽게 사고가 발생하는 상황도 있을 수 있다는 생각은 거의 안 하는 것 같다.

그렇다면 부모는 자녀에게 어떤 조언을 할 수 있을까? 실제 시간보다 더 빠른 시간으로 맞춰놓은 시계를 활용해보라고 권한다. 분명 아이는 우습다는 듯 "너무 뻔하잖아요. 진짜 시간보다 더 빠르다는 걸 아는데요."라고 반응할지 모른다. 그래도 그 당겨진 시간이 실제 시간인 듯이 행동해보라고 타일러보자. 그렇게 하다 보면 약속 시간보다 좀 더 일찍 도착할 때도 있지만 예상치 못한 일로 정시에 도착할 때도 있을 것이다. 이런 경험들이 쌓이면 예상치 못한 일에 여분의 시간을 할애하는 것이 얼마나 중요한 것인지를 깨닫게 된다.

Q2 우리 딸은 제가 몇 마디면 될 것을 꼭 길게 설명한다고 해요. 그래서 딸에게 지시할 때는 간결하게 하려고 정말 많이 노력했어요. 하지만 이제는 정확하게 말해주지 않으면 제가 한 말 그대로만 하려고 해요. 토요일에 개를 산책시키라고 메모를 붙여뒀어요. 그런데 그날은 가족 모임이 있는 날이었고 꽤 긴 시간을 밖에서 보낼 예정이었죠. 딸아이는 가족 모임에 가기 전에 자기가 하고 싶은 일을 전부 하느라고 너무 많은 시간을 써버렸어요. 그래서 결국 개를 산책시키지 못했죠. 집에 돌아와 보니 온통 엉망이었어요. 어쩌면 제 메모가 헷갈렸을 수도 있겠다는 생각이 들어요. 딸에게 어떻게 지시해야 할까요?

A2 10대는 애매한 지시를 내리면 애매하게 따른다. 부모 입장에서는 저녁에 외출할 것이고 밖에 꽤 오래 있다가 돌아올 것 같으면 당연히 개를 외출 직전에 산책시켜야 한다고 생각할 것이다. 아마도 질문자의 딸은 개가 얼마나 오랫동안 집에 박혀 있게 될지 몰랐을 것이다. 그래서 떠나기 직전에 개를 산책시키는 것이 좋다는 생각을 못한 것이다. 앞으로 지시할 때는 "개 산책시키는 거 잊지 마."라고 간단히 말하는 것이 아

니라 "오늘 4시부터 5시 사이에 개를 산책시켜줘."라고 말해야 한다. 더 복잡한 요소가 포함될 경우에는 고려할 사항들을 적어보게 하거나 문자로 보내주는 것이 가장 좋다. 그리고 자녀에게 휴대전화 달력에 일정을 저장해두라고 하자. 그러면 4시 15분에 '개 산책시킬 시간'이라는 메시지와 함께 알람이 울릴 것이다.

18

목표지향적 인내심 강화하기

목표지향적 인내심은 목표를 세우고 이를 완수하는 동안 주변 자극에 현혹되지 않는 능력을 말한다. 집을 사고 싶은 부부가 내 집 마련 계획을 세우고 계약금 마련을 위해 저축을 하는 것은 목표지향적 인내심을 보여주는 예다. 축구팀에 들어가려고 매주 슈팅 연습을 하는 11살 아이도 목표지향적 인내심을 보여준다. 아르바이트를 해서 돈을 모아 마침내 오토바이를 사는 17살 소년도 목표지향적 인내심을 보여주는 예다.

목표를 이루고자 한다면 일상의 행동이 직접적으로 목표 성취에 영향을 미친다는 사실을 깨달아야 한다.

목표지향적 인내심은 어떻게 발달하는가?

목표지향적 인내심은 가장 늦게, 대부분 20대 초반이나 후반에 이르러서야 완전히 발달하는 실행능력이다. 그러나 아동기와 청소년기 자녀가 이 능력을 발달시키도록 격려할 필요가 있다.

부모는 걸음마기의 아이가 퍼즐을 끝까지 맞추도록 안내해주고, 5살 아이가 자전거 타는 법을 완전히 익히도록 도와준다. 새로운 능력을 익히기 위해서는 연습과 반복, 시간과 노력이 필요하다는 것을 아주 어렸을 때부터 인식시켜주는 것이다. 우리 아이들은 운동을 하거나 읽기와 셈을 배울 때, 악기를 연주할 때, 집안일을 할 때 등 생활의 다양한 면에서 인내심의 개념을 익히게 된다.

자녀가 고등학교에 진학할 무렵이면 목표를 이루기 위해 집중할 수 있게 된다. 하지만 얼마나 성공적으로 해내는가? 10대는 대학에 대해 조사하는 것보다 친구들과 밖에서 어울리는 것을 더 좋아한다. 자전거를 사기 위해 돈을 모으기보다는 피자를 사 먹고 영화를 보기 위해 돈을 쓴다.

목표지향적 인내심이 약한 자녀는 '상황에 따른 행동'을 더욱 많이 한다. 러셀 버클리가 언급한 것처럼 이 실행능력이 부족한 아이는 당장의 상황에만 주의를 기울이고 현재의 행동이 미래에 어떤 영향을 미칠지를 생각하지 못한다.

10대 아이들은 가고 싶어 하는 대학에 가기 위해서는 그곳에 진학하기 위해 요구되는 내신 성적을 받아야 하고 그러려면 과제를 제때 제출해야 하며 시험공부를 해야 한다는 것을 잘 안다. 그럼에도 불구하고 10대는 상황에 따라 행동하곤 한다. 월요일 시험에 대비하기 위해 일요일에 공부를 하다가도 페이스북을 보거나, 밖에 나가 친구를 만나거나, 또는 좋아하는 TV 프로그램을 보는 등의 즉각적인 만족을 선택하게 된다.

281쪽의 질문지를 작성해서 자녀가 목표를 이루기 위해 얼마나 인내심을 발휘할 수 있는지 자세히 살펴보자.

목표지향적 인내심 향상시키기

• 자녀가 스스로 목표를 정하게 한다. 이를 통해 부모가 자녀의 독립에 대한 욕구를 존중한다는 것을 보여줄 수 있다. 자녀의 목표와 자녀를 위해 세운 부모의 목표가 서로 일치할 때는 아무 갈등도 없을 것이다. 자녀의 목표에 동의한다면 자녀와 구체적인 것에 대해 논의하자. 그러나 안전과 같은 중요한 부분을 양보해서는 안 된다.

• 자녀가 부모도 동의하는 목표를 세웠을 때, 그 목표에 대한 조건이나 기대가 있다면 사전에 구체적으로 알려준다. 예를 들어 자녀가 특정 대학에 관심이 많다면 비용 또는 위치같이 자녀가 염두에 둬야 할 제한점들에 대해 알려주자.

당신의 10대 자녀는 목표를 이루기 위해 얼마나 인내심을 발휘하는가?

왼쪽 표와 오른쪽 표 중 어떤 게 당신 아이에게 해당하는지, 그 정도는 어떤지 판단해보자. 당신이 매긴 점수는 능력 향상의 목표치가 될 수 있다. 왼쪽 항목에서 '많이' 또는 '아주 많이'를 선택한 경우라면 자녀가 그 영역에서 목표지향적 인내심을 아주 잘 발휘하고 있음을 보여주는 것이다. 오른쪽 항목에서 '많이' 또는 '아주 많이'를 선택한 경우라면 좀 더 노력이 필요하다.

	약간	많이	아주 많이		약간	많이	아주 많이
미래를 꿈꾸며 그 목표에 이르는 가장 좋은 방법을 생각한다.				그날 하루만을 생각하며 미래는 생각하지 않는다.			
장기적인 목표를 이루기 위해 재미있는 활동을 나중으로 미룬다.				'젊음도 한때다.'라는 모토로 산다.			
커서 무엇이 될까 생각하고 그 목표에 이르기 위한 계획을 갖고 있다.				때가 되면 무엇이 되고 싶을지 알게 될 거라 생각하고 미래에 대해서는 생각하지 않는다.			
목표를 이루기 위해 끊임없이 노력한다.				현재에 일어나는 일이 나중 일만큼이나 중요한 것이라고 생각한다.			
원하는 것을 이루는 과정에 장애물이 있도록 두지 않는다.				목표를 이루는 과정에서 장애물을 만나면 포기해 버린다.			

• 목표를 향해 가는 과정 중간중간에 진행 과정을 함께 점검한다. 어떤 목표를 위해 돈을 모으고 있다면 금액이 표시되는 통장을 활용하거나 온라인 계좌를 주기적으로 확인하는 편이 좋다. 대학 진학을 준비한다면 자신의 성적과 대학이 요구하는 기준을 계속해서 대조하는 것이

효과적일 것이다.

• 장기적인 목표를 눈에 보이는 분명한 것으로 만들어서 자녀의 관심을 유지시킨다. 온라인으로 원하는 대학을 탐색하게 하거나 직접 대학에 가서 대학 관계자를 만나고 필요한 정보와 자료를 모으게 하는 방법이 있다. 물건을 구입할 때는 어떤 상품이 나와 있는지 살펴보고 새로운 정보를 수집하게 하자.

• 부모는 중요하게 여기지만 자녀는 관심 없어 하는 목표를 추구하게 하려면 인센티브를 활용한다. 우선 목표가 장기적인 것인지 단기적인 것인지를 생각해봐야 한다. 좋은 성적을 유지하는 것 같은 장기적인 목표에 자녀가 계속 집중하게 하려면 자주 인센티브를 제공해야 할 것이다. 특정 시험을 준비하거나 집안일을 하는 것 같은 단기적인 목표에는 '우선 ~하면 ~하게 해줄게' 식의 방법을 활용해보자. 친구와 놀기, 컴퓨터게임 등 자신이 원하는 활동을 하기 전에 공부, 집안일 등 하기 싫은 활동을 먼저 하게 한다. 무엇보다 자녀를 긍정적인 태도로 대해야 한다. 좋은 태도를 보여주면 아이는 부모가 자신을 격려한다고 느낀다. 이런 습관은 미래에 자녀가 독립심을 갖출 수 있도록 도와줄 것이다.

거미도 줄을 쳐야 벌레를 잡는다

"표를 구하는 게 그렇게 어려울까요? 누나는 거의 불가능하다고 하는데 제가 볼 땐 가기 싫으니까 핑계를 대는 것 같아요. 누나는 축구가 지루하대요."

"누나만 그렇게 생각하는 건 아닐걸?" 단테의 엄마는 단테와 아빠가 대학 축구 경기를 시청하고 있는 거실로 들어오며 말했다. 단테의 누나가 다니는 대학에는 축구팀이 있는데 단테는 누나와 같은 대학에 진학하고 싶어 한다.

"시간이 별로 없어서일지도 몰라." 단테의 아빠가 말했다.

"네 누나는 매일 책에 묻혀서 지낸다더라. 수강 과목이 그렇게 많은 걸로 봐서는 할 일이 산더미일 것 같긴 해."

단테의 엄마가 말을 이었다.

"책 이야기가 나왔으니 말인데 우리가 사준 책들은 언제 뜯어볼 거니? 몇 번이나 읽어보겠다고 해놓고 아직 포장도 안 풀었더구나."

단테는 누나가 대학에 합격한 다음 날, 자신도 그 대학에 가기로 결심했다. 누나는 똑똑하고 고등학교 생활도 잘 해냈다. 하지만 단테는 적당한 자극이 없으면 자꾸 뒤처지는 편이다. 단테는 무슨 일이든 격려와 자극에 떠밀려 하는 경향이 있다. 목표를 향한 의지도 잘 유지되지 않는 것처럼 보였다. 때로는 어떤 목표를 이루는 데 무엇이 얼마나 걸릴지 생각하지도 않고 그냥 목표를 정하기도 했다. 예를 들어 작년 겨울에는 피아노를 배우겠다고 했다. 부모는 기뻐하며 피아노 강사를 구해줬지만 단테는 연습을 게을리했고 자신이 기대한 수준에 이르지 못했다. 그러고는 금세 시들해졌다. 이런 악순환이 계속되었다.

단테는 똑똑했고 하고 싶은 것이 많았다. 하지만 매일 연습하기를 소홀히 했고 자기가 기대했던 대로 되지 않으면 그 목표를 포기해버리곤

했다. 아직까지는 이런 행동의 결과가 생각보다 크지 않았다. 하지만 단테는 자신이 이런 행동 패턴을 반복하다가는 누나처럼 좋은 대학에 진학하기 어려울 것 같다는 생각이 들었다.

"책 볼 거예요. 진짜 볼게요."

처음엔 정말 그렇게 했다. 하지만 금세 시들해지고 말았다. 부모님은 단테가 목표한 것을 다시금 상기시켜줬고 며칠 동안은 모의고사 문제집을 열심히 파고들었다. 그러다가 다시 집중력이 흐트러졌고 일주일 후 단테의 노력은 바닥을 보였다. 시험에 대비해야 한다고 지속적으로 상기시켜줄 수도 있지만 단테의 부모님은 몇 가지가 마음에 걸렸다.

지금은 도움을 줄 수 있지만 대학에 들어가고 나서는 도와줄 수 없다는 점과 예전에도 이렇게 해봤지만 무책임과 독립심이 문제가 되어 언쟁만 잦아졌다는 점이다.

몇 달 후 학력평가기관으로부터 우편물이 왔다. 봉투를 열어본 단테는 자신이 누나가 다니는 대학에 갈 수 있는 수준보다 한참이나 아래에 있다는 것을 알게 되었다. 단테는 입학을 거부당했다. 단테 본인은 이 시험을 위해 꽤나 노력했다고 생각했는데 어째서 성적이 안 따라준 걸까?

그날 저녁에 단테와 부모님은 대화의 시간을 가졌다. 아버지가 먼저 입을 열었다. "단테, 우리는 네가 얼마나 누나와 같은 대학에 가고 싶어 했는지 잘 알고 있단다. 우리도 너만큼이나 그러길 바랐어. 하지만 누나도 끈기를 가지고 계속 노력하지 않았다면 그 대학에 갈 수 없었을 거야. 누나는 계획표대로 공부를 했단다. 그리고 모의고사도 실제처럼 신중하게 치렀어. 우린 네가 원한다면 시간표를 짜주고 매번 상기시켜줄 수 있어. 하지만 가장 중요한 역할을 맡은 사람은 너란다. 네가 변하지 않으면 다른 방법이 없어."

단테는 고개를 끄덕였고 부모와 함께 계획을 짜기 시작했다. 단테는 누나에게 전화를 했고, 누나는 자기가 공부한 방법을 요약해서 알려주며 힘이 되는 말도 해줬다. 단테는 그때부터 다음 시험 때까지 날마다 예비고사 문제집을 20분씩 풀었다. 부모가 이런저런 것들을 상기시켜주기는 했지만 단테는 주로 자신의 휴대전화 알람 기능에 의지했다. 일간·주간 계획에 따라 공부할 시간에 알람이 울리도록 설정해뒀다. 공부에 조금 소홀해질 때도 계속 알람이 울리게 해서 원래의 페이스를 유지할 수 있었다. 단테에게 이것은 단순하게 할 일을 하는 것이 아니었다. 스스로 지속적으로 계획을 떠올렸고 자신이 원하든 원하지 않든 그 일을 완전히 마치고 다른 일을 시작했다. 마치 양치질을 하는 것처럼 일과가 된 것이다.

Q&A

Q1 우리도 알람을 활용하거나 직접 상기시켜주는 방법을 써봤지만 성공한 적이 없어요. 단테의 경우에는 어떻게 성공한 건가요?

A1 자녀는 취약한 실행능력 때문에 불안을 느낄 수 있다. 다른 친구들은 어려움 없이 잘하는 것처럼 보이는 일에서 자신은 종종 문제를 겪기 때문이다. 하지만 알람이 단순히 목표지향적 인내심이 약한 이들을 위해서만 활용되는 것은 아니다. 시간관리를 잘하고 효과적으로 시간을 활용하는 사람들도 거의 알람을 활용한다. 그리고 반복적인 일과가 장기적인 성공과 목표 성취의 기본이 된다는 것을 이해해야 한다. 단테는 알람은 부끄러운 것이 아니라고 생각했고 오히려 이런 기술들을 자신의 일상에 쉽게 적용했다. 결과는 성공적이었다. 단테의 경우에는 누나와의 대화를 통해 누나의 성공에 어떤 마법 같은 비법이 있었던 것이 아님을 알게 되었고, 누나가 사용하던 전략들을 얻을 수 있었다. 만약 자녀의 친구 가운데 특히 실행능력이 뛰어난 아이가 있다면 자녀에게 그 친구와 별거 아닌 이야기라도 많이 해보라고 권해보자. 단테와 같은 10대들은 친구에게 도움을 구하는 것을 불편해한다. 하지만 자신의 문제는 드러내지 않으면서 친구를 관찰하거나 친구의 즉흥적인 말들을 들으면서 효율적으로 실행능력을 활용하는 방법을 깨달을 수도 있다.

모범적인 인물을 통해 인내심이 얼마나 중요한가를 깨닫게 하는 방법도 있다. 훌륭한 운동선수는 자신의 성공에 대해 말할 때 '연습은 선천적인 재능을 능가하는 힘'이라고 한다. 마찬가지로 자녀에게 훌륭한 실행능력을 지니고 태어나지 않았다 해도 좋은 습관을 매일 반복하는 것이 더 중요한 것임을 알려주자.

Q2 우리 딸은 일과를 따르는 것을 매우 힘들어해요. 이루고자 하는 목표가 확고한데도 며칠만 지나면 해이해져요. 그러면 저는 아이를 회유해서 노력하게 만들고 그러다 보면 둘 사이에 갈등이 생겨요.

A2 이런 고민을 하고 있는 부모에게는 '자녀가 반복되는 일과의 소중함을 알게 하라'고 충고하고 싶다. 일관성은 장기적인 성공에서 가장 중요한 요소다. 일관성 있게 일과를 반복하는 것이 불가능하다면 다른 주기적인 행사의 일정에 맞춰 공부하게 해보자. 예를 들어 가족이 매일 모두 함께 저녁을 먹는다면 바로 그 시간 직전이나 직후에 공부를 하게 하자. 자녀가 특별히 좋아하는 TV 프로그램이 있다면 그 프로그램이 시작되기 바로 직전에 공부를 하게 해보는 것도 좋다. 구체적인 시간과 장소를 정해 공부하는 습관을 들이면 도움이 된다.

또한 '긍정적인 태도'를 유지하라고 조언한다. 자녀의 일과가 흔들릴 때마다 강경하게 몰아치면 오히려 역효과를 부른다. 다툼을 일으키고 자녀를 의기소침하게 만든다. 자녀의 일과가 흔들릴 때는 되도록 침착하고 긍정적인 태도로 접근하도록 한다.

19

상위인지 강화하기

상위인지는 자신이 문제를 어떻게 해결하고 있는지 한 걸음 물러서서 객관적으로 바라보는 능력이다. 상위인지가 있으면 눈앞에 놓인·상황에 어떻게 대처할지 결정할 때 여러 가지 정보들을 고려할 수 있다. 일을 진행하는 동안에도 자신이 어떻게 하고 있는지를 스스로에게 묻고 관찰하며 자신의 행동을 평가할 수 있다. 이후에는 어떻게 마무리했는지를 평가해서 앞으로는 무엇을 어떻게 달리해야 할지 개선할 수 있다.

상위인지가 뛰어난 사람은 어떤 상황에 대처할 때 현재의 처지와 과거의 경험을 종합한 정보를 바탕으로 행동한다. 이 능력이 부족한 사람은 자신이 경험한 것이나 타인의 피드백을 활용하지 못한다.

예를 들어 일 처리를 스스로 알아서 하지 못한다는 점 때문에 아르바이트에서 해고당한 10대가 있다고 하자. 그가 다시 슈퍼마켓에서 일을 하게 되었다. 하지만 그는 점장이 구체적인 지시를 하지 않으면 진열대에 물건을 채우는 대신 친구들에게 문자를 보내며 남은 시간을 보낸다. 또 다른 예를 보자. 페이스북 때문에 가장 친한 친구와 절교한 적이 있는 10대 소녀가 또다시 페이스북에 다른 친구의 험담을 올리는 모습에서도 상위인지의 결핍을 발견할 수 있다.

상위인지는 어떻게 발달하는가?

어린아이가 문제를 해결하거나 전략을 사용할 때 상위인지가 최초로 나타나는 것을 볼 수 있다. 예를 들어 아이가 퍼즐을 맞출 때 첫 번째 시도가 틀리면 다른 각도로 맞춰보기도 하고 다른 친구에게 어떻게 문제를 해결할지 제안을 하기도 한다. 7~8살이 되면 부모나 선생님의 피드백에 따라 자신의 행동을 조절할 수 있다. 그리고 다른 친구에게 일어난 일을 보고 자신의 행동을 적절하게 고칠 수 있다. 이런 예에서 아이들도 상위인지를 사용한다는 것을 알 수 있다. 11살에 이르면 행동의 결과를 예측하기 시작하여 여러 해결책을 내놓기도 하며 가장 좋은 해결책이 무엇인지도 설명할 수 있다. 중학교 3학년에서 고등학교 1학년에 이르면 학교 과제나 운동 경기에서 자신이 얼마나 잘했는지 스스로 평가할 수 있고 자신의 행동이 또래에게 어떤 영향을 미치는지를 알고 행동을 조절한다. 상위인지가 뛰어난 10대는 피드백이 주어지면 자기 자신을 돌아보고 행동을 조절한다. 상위인지가 부족한 10대는 실수를 통해 교훈을 얻지 못한다.

291쪽의 질문지를 통해 자녀의 상위인지에 대해 살펴보자.

상위인지 향상시키기

• 자녀의 행동을 구체적으로 칭찬해준다. 예를 들어 "넌 친구의 기분을 잘 이해하는구나." 또는 "네가 피드백을 받아들이는 방식이나 그것을 행동으로 옮기는 걸 보고 감탄했단다."와 같은 표현을 10대 자녀에게 해준다. 이를 위해 부모는 자녀가 집안일이나 학교 과제, 그리고 친구들과 상호작용하는 모습을 관찰하고 자녀가 문제해결 전략을 잘 활용하는지, 타인의 피드백을 받아들이고 자신의 행동을 고치는지 살펴봐야 한다.

• 자녀에게 스스로를 평가해보라고 한다. 이것이 10대에게는 민감한 사안일 수 있으니 최대한 질문의 형태로 부모의 의견을 제시하는 편이 낫다. 예를 들어 10대 자녀가 친구의 말 때문에 마음이 상했다고 하면 그런 말을 하게 만든 원인이 있을 수 있음을 넌지시 알려주고 그 말을 한 친구는 단순히 방어적인 대답을 한 것일 수도 있다고 알려준다. 아니면 친구와 주고받은 말을 들어보고 마음 상하게 하는 말을 촉발시킨 상호작용이 있었는지 물어보자. 자녀의 강점을 먼저 언급하는 방법도 있다. 예

당신의 10대 자녀는 상위인지를 얼마나 잘 발휘하는가?

왼쪽 표와 오른쪽 표 중 어떤 게 당신 아이에게 해당하는지, 그 정도는 어떤지 판단해보자. 당신이 매긴 점수는 능력 향상의 목표치가 될 수 있다. 왼쪽 항목에서 '많이' 또는 '아주 많이'를 선택한 경우라면 자녀가 그 영역에서 상위인지를 아주 잘 발휘하고 있음을 보여주는 것이다. 오른쪽 항목에서 '많이' 또는 '아주 많이'를 선택한 경우라면 좀 더 노력이 필요하다.

	약간	많이	아주 많이		약간	많이	아주 많이
잠시 물러서서 '전체적인 그림'을 볼 줄 안다.				사소한 것에 빠져서 큰 그림을 보지 못한다.			
자신의 행동이나 생각에 다른 사람들이 어떻게 반응하는지 잘 감지한다.				자신의 주장에 집중하느라 다른 사람의 피드백을 잘 듣지 못한다.			
어떤 것이 잘못되었는지를 파악해서 다음번에는 더 능숙하게 한다.				자신의 실수를 묻어버리고 다시는 그런 일이 생기지 않길 바란다.			
학습을 위한 다양한 방법을 습득할 수 있다.				한 가지 학습 방법만 고수해서 효과적이지 않을 때도 있다.			
자신의 능력을 향상시키기 위해 선생님이나 코치에게 피드백을 구한다.				피드백을 구할 생각조차 않고 자신이 어떻게 하고 있는지 잘 알고 있다고 생각한다.			

를 들어 "넌 자신감이 넘치잖니? 그 친구가 그런 반응을 한 것은 네 자신감 넘치는 태도에 불안을 느껴서 그런 게 아닐까?"와 같이 말한다.

• 다른 사람들에게 자신이 어떻게 비춰지는지를 생각해보도록 도와준다. 자녀의 이해를 돕기 위해 부모의 행동을 활용해보자. 예를 들어 부모의 목소리 톤이나 자세가 다른 사람들에게는 어떻게 해석되는지

이야기해줌으로써 자녀도 스스로의 행동에 대해 생각해보게 만든다. 이때 자녀가 이를 설교처럼 여기거나 자신의 단점을 지적하려는 것으로 오해하지 않게 조심해야 한다.

• 부모와 자녀의 상호작용이 갈등의 원인일 때, 그리고 자녀가 이런 상황을 유발한 어떤 행동(화가 난 목소리 톤)에 대해 반응한다고 생각될 때는 감정이 가라앉은 다음에 따로 시간을 내서 다가간다. 그리고 당시 상황에서 부모가 보인 행동에 대해 이야기해본다. 예를 들어 "데블린, 요전 날 우리가 ~에 대해서 이야기했을 때 내가 화를 내면서 목소리를 높였잖아. 나중에 우리가 그런 문제로 이야기할 때는 침착하게 대처하도록 할게."라고 말하는 것이다. 부모가 침착하면 자녀도 침착해진다. 뜨거운 인지와 차가운 인지를 기억하자. 자녀가 침착해지려고 애쓰는 모습이 보이면 그런 긍정적인 변화에 대해 말해주는 것이 좋다. "이렇게 도와주니 고맙다. 우리가 차분하게 말하니까 정말 좋구나."

나를 돌아보는 연습

아이나는 화요일 학교에서 돌아와 힘없이 가방을 내려놓았다. 아이나는 몹시 지쳐 있었다. 가방을 열어 자신의 형편없는 실력을 보여주는 파일을 꺼냈다. 테이블 위에 파일을 펼쳐두고 가장 최근에 한 영어 과제를 살펴봤다. 〈제인 에어〉를 읽고 쓴 다섯 페이지짜리 독서 감상문이었다. 아이나는 왼쪽 위에 적혀진 C⁻를 엄지손톱으로 긁었다.

'시간을 많이 투자하거나 공을 들이지는 않았어. 하지만 C⁻라니?' 아이나는 선생님이 코멘트를 해놓은 마지막 페이지를 펼쳐봤다. 아이나는 선생님의 코멘트를 읽는 법이 없었다. 그저 점수와 '잘했어요' 또는 '더 노력하세요' 같은 표시만 보면 그만이었다. 하지만 이번에는 너무 낮은 성적을 받아 혼란스러웠다. 선생님의 코멘트는 이렇게 시작했다. "논지는 견고하다. 그러나 문단이 허술하고 문법적인 문제가 많으며…." 아이나는 읽던 것을 멈췄다.

'문단이 허술하다고? 말도 안 돼! 내 문법 실력이 어디가 어때서?'

아이나는 이 과제를 하면서 문법적으로 훌륭하다고 생각했다. 전반적으로 볼 때 아이나의 문법 실력은 문제가 없다. 하지만 이 과제는 마지막 순간에 급히 쓰다 보니 압박감 때문에 많은 실수를 하고 말았다. 무엇보다 아이나는 자기가 한 과제를 다시 한 번 읽어보고 교정하는 습관이 없었다. 한 번 쓰면 끝이라고 생각했다.

아이나는 음료수를 꺼내려고 냉장고 문을 열었다. 일 년 전에 A^{+}를 받은 역사 보고서가 냉장고 문에 붙어 있었다. 그때 이후로 다시는 그런 점수를 받은 적이 없었다. 도대체 이유를 알 수 없었다. 그 보고서를 쓴 것도 아이나였다. 아이나는 자신의 글을 읽고 나서 예전의 것과 별반 다르지 않다고 생각했다.

아이나는 그날 저녁 엄마에게 과제를 보여줬다. 예전에는 엄마가 과제를 도와주곤 했다.

"전 뭐가 잘못된 건지 모르겠어요. 제가 지금까지 B를 받은 과제들과 크게 다를 바 없거든요."

"글쎄, '크게 다를 바 없는 것'과 '완전히 똑같은 것'은 C⁻와 B만큼이나 다르지. 선생님이 써준 코멘트는 봤니?"

"보긴 했어요. 잘못된 문법이랑 허술한 문단에 대해 언급했는데 전 잘 모르겠어요."

"문법 부분은 분명히 문제가 있어 보이는구나. 여기에 온통 빨간 펜으로 도배가 되어 있으니…. 이건 꼭 자동차 광고 문구에 나오는 허술한 문장처럼 보이는구나. 넌 이것보다는 잘하는 아이인데 말이야."

엄마는 아이나가 쓴 허술한 문장을 읽다가 결국 의자 옆으로 쓰러지며 웃었다. 아이나는 짜증이 났다.

"그래요, 좋아요. 알았다고요. 하지만 전에는 이런 과제로도 항상 A를 받았었는데요. 약간 더 정리가 되긴 했지만요. 뭐가 달라진 거죠?"

"그 질문은 너 스스로에게 물어봐야겠는데? 뭐가 변했냐고? 한 학년 올라갔잖아. 새로운 선생님한테 예전과는 다른 수업을 듣고 있어. 새로운 선생님의 기대치는 어떨 것 같니? 학년이 올라갔으니 더 높은 수준을 기대하겠지? 예전에 통했다고 지금도 통하는 건 아니야. 네가 어떻게 접근할지 생각해봐야 해. 어떤 전략이 효과적인지, 그렇지 않은 전략은 무엇인지 알아야지. 너의 강점이 뭐고 단점이 뭔지도 알아야 하고. 그리고 강점을 부각시킬 방법과 단점을 보완할 방법도 알아야겠지."

"네, 무슨 말씀인지는 알겠어요."

"넌 이제 고등학교 2학년이야. 선생님들은 이제 더 이상 문법 실수들을 용납하지 않는단다. 아마 작년에는 이런 걸로 별로 지적받지 않았을 거야. 그 당시에는 그런 실수는 용납될 만한 것이었으니까. 이런 것에 대해 생각해본 적이 있니?"

"아뇨, 그런 식으로 생각해본 적은 없어요."

"그래, 그럼 내일 따로 시간을 내서 예전과 달라진 것을 파악하고 그것을 분석해보자. 괜찮은 방법이니?"

"'이게 너에게 좋은 방법이라고 생각하지 않니, 아이나?'라고 말하셔야죠. 명사, 동사, 주어, 목적어를 빼먹으면 안 되잖아요."

"하하하. 그래, 네 말이 맞다."

Q&A

Q1 아이나의 사례를 통해 상위인지 문제에 대해 이해하게 되었어요. 하지만 우리 아이는 아이나가 아니에요. 우리 아이에게 상위인지를 어떻게 설명할 수 있을까요?

A1 10대 자녀에게 상위인지를 설명할 때는 '3인칭 사고'에 대해 언급해보자. '3인칭'은 화자의 기법이지만 요즘 아이들은 게임과 관련된 것으로 이해할 것이다. 3인칭 온라인게임은 자신이 사용하고 조종하는 모든 인물이 환경과 어떻게 상호작용하는지 볼 수 있게 되어 있다. 이와 비슷하게 상위인지는 자신을 제3자의 관점에서 보는 것이다.

10대에게 상위인지를 이해시키기 위해 우리는 종종 비유를 활용한다. 우리의 생각이 종이에 타이핑된다고 상상해보자. 익숙한 내용이라면 구태여 다시 읽어보고 교정할 필요가 없다. 운전이나 양치질, 요리, 그리고 다른 반복되는 일상에 대해서는 별로 고심하지 않는다. 하지만 우리가 세금 신고를 하거나 중요한 보고서를 쓸 때는 그것을 다시 처음부터 읽어보고 자신이 쓴 것을 교정한다. 중요한 것을 계획하거나 복잡한 과업을 수행할 때는 상위인지를 통해 생각을 되짚어보고 그 상황에 부합하도록 계획을 수정한다.

Q2 상위인지와 반응억제는 이 책에서 따로 다루고 있지만 두 가지는

종종 같은 문제처럼 보여요. 둘이 어떻게 다른가요? 그리고 부모로서 자녀에게 둘 간의 차이를 어떻게 설명할 수 있을까요? 자녀가 두 가지 영역 모두에서 취약하다면 상위인지 문제와 반응억제 문제를 어떻게 구분할 수 있을까요?

A2 상위인지와 반응억제 문제는 매우 유사한 방식으로 나타나며 특히 동시에 일어날 때는 더욱 그렇게 보인다. 하지만 이 둘은 신경학적으로 구별되는 능력이다. 반응억제는 즉각적으로 행동하지 않고 반응을 지연하는 능력이다. '지연'이 핵심이다. 10대가 상위인지를 활용하려면 반응억제를 할 줄 알아야 한다. 하지만 단순히 반응을 지연하는 것만으로는 상위인지를 제대로 활용하지 못한다. 상위인지는 어떤 상황에서 잠시 물러나 자신을 돌아보는 능력이다. 문제를 보고 여러 해결책을 떠올리고 그 가운데 어떤 해결책이 최선인지, 그 이유는 무엇인지 파악하는 것까지를 말한다. 자기반성이나 자기분석도 일종의 상위인지다.

20

실행능력이 부족한 아이들을 위한 코칭

이 책 전반에 걸쳐 10대 청소년의 실행능력 부족이 과업 수행에 문제가 되는 경우와 그런 문제를 다루는 방법에 대해 알아봤다. 실행능력의 발달이 지연되면 자녀의 인생 전반에 영향을 미치게 된다. 그 가운데 부모를 가장 고민하게 만드는 것은 학업일 것이다. 학업 성취는 자녀가 미래에 만족스러운 삶을 살게 해주는 열쇠기 때문에 부모들이 그렇게 걱정하는 것도 이해는 간다. 하지만 안타까운 것은 학업 문제 때문에 부모와 자녀가 심각한 갈등을 겪게 된다는 사실이다. 자녀가 초등학생이나 중학생 때부터 학업에 대해 긴밀하게 감독을 해왔다면 이제 아이는 부모의 감독을 귀찮아할지도 모른다. 그렇다고 자녀를 믿고 맡기자니 학업에서 실패할 것 같아 걱정이다. 어쩌면 부모가 옳은 것일 수도 있다. 하지만 자녀에게 도움이 필요하다고 해도 지금까지 부모가 해줬던 것만큼은 아닐 수 있다.

학업이 문제가 되면 승자도 패자도 없는 감정싸움이 발생한다. 더 나은 결과를 위해서 누구에게 의지할 수 있을까? 학교 선생님일까? 선생님들 가운데는 아이들이 실패를 겪고 교훈을 얻어야 한다고 보는 경우도 있다. 하지만 실행능력 부족으로 이미 학업에서 어려움을 경험한 자녀는 실패를 통해 교훈을 얻을 수 없다. 그 이유는 지금까지 이 책을 읽은 부모라면 알고 있을 것이다. 10대가 자신에게 요구되는 것을 안 하는 것이 아니라 그에 필요한 실행능력이 없어서 못 하고 있다면 실패를 이용해서 행동을 조절하려는 방법은 소용이 없다. 그리고 실행능력이 부족한 10대는 흔히 현재의 행동과 그 행동의 결과 또는 더 장기적인 결과와의 연관성을 인식하지 못한다. 예를 들어 내일 시험이 있는데도 페이스북을 하면 낮은 시험 성적을 받게 되고 결국 성적이 낮아 대학에 입학할 수 없게 된다는 사실을 10대는 알지 못한다. 그렇기 때문에 자녀를 성공과 실패의 딜레마에 던져두면 결국 실패하게 된다.

이런 위험 요소 때문에 부모는 자녀를 대신해서 전두엽 역할을 계속 해줘야 한다고 믿게 된다. 하지만 자녀는 부모의 개입을 불편해한다. 게다가 부모에게 제때 정확한 정보를 알려주지도 않는다. 그러면 부모가 실질적으로 아이를 관찰할 수 있는 가능성은 남지 않게 된다. 학업 문제를 겪는 10대의 부모 가운데 아래와 같은 대화를 나눠보지 않은 사람은 없을 것이다.

부모 과학 숙제가 있는 것 같던데, 얼마큼 했어?

학생 선생님이 수업 시간에 숙제할 시간을 줬어요. 자습 시간에 했어요. 오늘 진도를 다 못 나가는 바람에 선생님이 기한을 하루 늘려줬어요. 친구 집에 가서 할 거예요.

우리는 경험을 통해 위의 표현 가운데 그 어떤 것도 사실이 아니란 것을 안다. 그러니 이제 숙제한 것을 보여달라고 할지를 결정해야 한다. 하지만 그렇게 했을 때 자녀는 부모가 자신을 믿지 않는다고 생각하고 오히려 저항을 하거나 공격적으로 나올 것이다. 설령 숙제를 보여준다고 해도 그것이 진짜 숙제인지 아닌지 어떻게 알겠는가? 핵심은 이렇다. 부모가 자녀의 반항을 모두 견뎌낼 자신이 없다면 개입은 금물이다.

다행히도 효과적인 대안이 존재한다. 실행능력 문제를 겪는 학생들을 위한 코칭이 바로 그 대안이다. 코치란 운동선수들이 기량을 개발하도록 돕고 그 기량을 특정한 상황에 적용하게 도와주는 사람을 말한다. 그 과정에서 코치는 선수들의 기량 증진을 관찰하고 필요할 때 바로잡아 주며 격려한다. 교육자들을 위한 우리의 신간 도서 〈실행능력 결핍 학생들을 위한 코칭coaching Students with Executive Skills Deficits〉에 코칭 모델을 제시했다. 코치를 받는 사람은 10대 학생이고 목표는 학업이다. 이런 접근법은 학생들이 실행능력을 익히도록 돕는다. 그들의 희망과 꿈, 장기적인 목표를 달성하기 위해 매일 해야 할 일이 무엇이든 간에 그것과 실행능력이 관련되도록 고안했다.

코칭 모델을 개발한 이후, 이 모델을 통해 10대들이 여러 가지 목표를 달성하는 모습을 봤다. 수학 과제 같은 작은 목표를 달성하는 것부터 대학 진학을 위해 고등학교에서 우등상을 받는 목표처럼 완성도와 정확성이 높은 것까지 매우 다양했다.

초창기에 우리는 이 모델을 실험하기 위해 뉴햄프셔 주의 고등학교에서 사례연구를 진행했다. 이 연구에서 다섯 명의 학생들이 성적을 크게 향상시켰다. 코칭을 받기 전 학생들의 성적은 60%가 C였으나 코칭을 받은 후 두 번의 평가에서 60% 이상이 B 또는 그 이상의 성적을 받았다.

코칭은 10대에게 필요한 능력을 강화하도록 돕는 매개체다. 자녀가 실행능력 문제 때문에 학교에서 잠재력을 발휘하지 못한 경험이 있다면 자신감에 상당한 상처를 입었을 것이다. 이때 부모로부터 도움을 받으면 자존심이 상할 수도 있다. 이때 코치를 투입해보자. 훌륭한 코치는 자녀의 능력과 자신감을 키우는 데 큰 도움을 줄 수 있다. 자녀와 코치 사이에는 적절한 거리가 있기 때문에 자존심이 상하거나 어린애 취급을 한다는 느낌을 받지 않을 것이다. 코치는 실행능력의 취약점을 정확하게 찾아준다. 그 결과 자녀는 지속적으로 더 높은 수준의 성과를 보여준다. 자신감도 올라가고 학업에 더 많은 노력을 기울이게 된다.

코치가 하는 기능은 환경을 변화시키는 것과 기술을 가르치는 것이다. 여기서 코치는 세 가지 중요한 역할을 한다.

1. 학업 성취 문제를 직접적으로 다룬다.

2. 10대 자녀와 부모 간에 주로 갈등이 빚어지는 문제에 대해 완충 역할을 한다.

3. 학생이 실행능력을 사용하는 것에 능숙해지면 점차적으로 대리 전두엽 역할을 줄여나간다.

그러나 코칭이 자녀를 위한 올바른 방법인지 어떻게 알 수 있을까? 이제 우리는 부모가 코칭에 대해 이해하도록 돕는 내용들을 살펴볼 것이다. 그 내용은 아래와 같다.

- 코칭 과정의 목적
- 내 아이가 코칭을 받기에 적합한가?
- 어떻게 하면 아이가 코칭을 받아들이게 할 수 있을까?
- 학교에 접근하는 방법
- 누가 이 과정을 시작할 것인가?
- 어떤 성격의 코치를 찾아야 할까 그리고 어떻게 찾을 수 있을까?
- 코칭 과정은 정확하게 어떤 작용을 하는가?

코칭의 목적

코칭의 목적은 세 가지다.

1. 학생이 장기적인 학업 목표를 세울 수 있도록 돕는다.

2. 학생이 매일 또는 매시간의 과업을 자신의 장기적인 목표와 연결지어 이해하도록 돕는다.

3. 단기적인 과업을 완수하기 위해 필요한 실행능력을 하루를 기준으로 삼아 연습시킨다.

내 아이는 코칭을 받기에적합한가?

코칭은 협력하는 과정이다. 코치는 일방적으로 원칙을 정하거나 학생이 복종하기를 기대하지 않는다. 코칭에서 최고의 성과를 낸 10대들은 다른 사람과 함께 작업할 의지가 있었다. 이들은 목표를 세우고 목표를 달성하기 위한 방법을 정하는 데 참여했다. 자기 마음속에 달성하고 싶은 목표가 있으면 그 목표가 성적 향상이든 지속적인 과제 완수든 도움이 된다. 코칭을 '부모의 간섭에서 벗어나는 방법'이라고 보고 관심을 가지는 고등학생도 있고 자신이 목표를 잘 따라가고 있는지 확인하기 위해 도움을 받는 학생도 있다.

우리의 경험에 따르면 코칭은 평균 또는 평균에 가까운 능력을 가진

학생에게 가장 효과적이다. 장애 범주에 속하는 학생들도 장애가 심각하지 않은 이상 참여할 수 있다. 예를 들어 충동이나 산만한 정도가 심하지 않은 ADHD 학생들에게는 코칭이 유용하다. 그러나 훈육에 문제가 되는 심각한 품행장애를 가진 학생은 그 문제를 먼저 해결해야 한다. 그렇지 않으면 코칭의 절차를 따르는 데 어려움을 겪을 것이다. 또한 아스퍼거 증후군이 있는 학생들은 행동 양상이 자폐증과 비슷하고 사회생활이나 의사소통을 하는 데 문제가 있긴 하지만, 단계별 절차에 잘 반응하고 원칙을 지향하며 목표가 있으면 집중할 수 있으므로 코칭을 통해 도움을 받을 수 있다. 마지막으로 학습장애가 있는 학생들도 이 절차를 보다 구체화된 학습장애 프로그램으로 여기지만 않는다면 코칭에 잘 따르는 편이다.

자녀가 자발적으로 코칭에 참여하게 만드는 방법

자녀를 강제로 코칭에 참여시키는 것은 좋지 않다. 운동선수들이 그 운동을 하고 싶어 하기 때문에 코칭이 가능한 것처럼 코칭에서 성과를 얻기 위해서는 학생 스스로 코칭 과정에 참여해야 한다. 코치는 학생을 쫓아다니면서 앉혀놓고 문제를 풀게 하고 징계하는 사람이 아니다. 코칭이 성공하려면 학생과 코치와의 관계는 반드시 협동적이어야 한다. 문제를 개선하는 데 관심이 없거나 자기가 알아서 해결하겠다고 고집

한다면 억지로 코칭을 해도 실패할 가능성이 높다.

그렇다고 자녀에게 도움을 주려는 노력을 멈추라는 뜻이 아니다. 코칭에 참여하기를 주저하는 자녀에게 다가갈 때에 부모나 선생님은 코칭이 무엇이고 어떻게 진행되며 이 과정에서 학생에게 주어지는 선택권과 잠재적인 혜택이 무엇인지에 대해 구체적인 정보들을 가지고 있어야 한다. 이번 장의 마지막에 코칭에 대한 간략한 설명을 해주는 페이지가 있으니 활용하기 바란다. 처음에는 꺼려하던 학생들도 결국에는 참가하기로 결정하는 경우도 많다.

이런 노력에도 불구하고 자녀가 코칭을 시도하고 싶은 마음이 없다면 밀어붙이지 않는 게 최선이다. 부모가 자녀를 도우려는 마음은 언제까지나 유효하므로 나중에 마음이 바뀌면 참여할 수 있다고 알려주자. 이번 장의 마지막에서 자녀가 코칭을 거부할 때 활용할 수 있는 다른 선택들에 대해 알려줄 것이다.

학교에 접근하는 방법

고등학교에 근무하는 학교 상담사는 실행능력이 학업에 어떤 영향을 미치는지 잘 알고 있다. 이미 일부 고등학교와 대학교에서는 코칭 프로그램을 도입했다. 자녀의 학교에 이런 프로그램이 없어도 방법은 있다. 학교 상담사나 심리학자는 이미 학생 지원에 대해 익숙할 것이므로 코칭에 대한 정보가 주어지면 얼마든지 코칭의 원리와 그 과정에 필요한 것이 무엇인지 이해할 것이다.

우선 고등학교 상담 부서에 코칭 서비스를 제공하는지 문의해보자. 만약 지원하지 않는다면 부모가 먼저 제안할 수도 있다. 생활지도 선생님이 코칭 과정을 잘 알지 못한다면 코칭에 필요한 정보를 제공해보자.

경험에 따르면 학생과 부모의 자발적인 참여가 있다면 학교도 기꺼이 요구를 수용하려 한다. 실제로 코칭 과정에 참가하려는 학생이 선생님에게 이 과정을 설명하고 필요한 정보를 제공해서 열의 넘치는 코치와 함께 코칭을 시작한 경우가 있다. 이를 위해서는 학생들의 높은 주도성과 동기가 필요하다. 학생이 직접 생활지도 선생님에게 이 과정을 설명하고 도움을 요청해도 좋다. 필요한 경우에는 부모도 동행하자.

코치 선별하기

취약한 실행능력 때문에 학업 문제를 겪는 학생들은 자신이 실패할 것이라고 생각하기 쉽다. 이럴 때 자녀가 믿고 존경할 수 있는 코치를 찾는 것이 중요하다. 따라서 자녀는 코치를 선별하는 과정에 적극적으로 참여해서 믿음직한 사람이 누구인지 살펴봐야 한다. 이미 코칭 과정을 개설한 학교에서는 학생과 코치가 서로 편하게 느낄 수 있게 상대를 선택하는 매뉴얼을 마련해놨을 것이다. 학교에 개설된 코칭 과정이 없다면 학생이 스스로 신뢰와 존경심을 느낄 수 있는 교직원을 찾을 수 있을 것이다.

고등학교 환경에서는 다음 중 누구든 이 역할을 할 수 있다.

- 자녀가 좋아하는 선생님
- 자원봉사자
- 교생 선생님
- 생활지도 선생님
- 특수교육 선생님
- 심리학자
- 그 밖에 학생과 친분이 있는 교직원(교감 선생님, 양호 선생님 등)

코칭 과정을 감독해주는 성인이 있다는 조건하에서는 학생도 코치가 될 수 있다.

일반적으로 좋은 코치는 다음과 같다.

- 잘 경청하고 공감하는 사람
- 신뢰할 수 있으며 계획 수립 능력이 우수한 사람
- 학생들과 작업하는 것을 즐기며 자연스럽게 관계를 맺는 사람
- 설교하기보다는 질문을 통해 가르치는 사람
- 코칭에 대해 많은 훈련을 받은 사람

만약 코칭 훈련을 많이 받지 못한 사람이더라도 나머지 조건을 만족시킬 경우 코치가 될 수 있다.

코칭 과정은 어떻게 진행되는가?

코칭은 기본적으로 2단계로 이뤄져 있다. 첫 번째 단계에서는 코치가 학생들과 함께 목표를 설정한다. 두 번째 단계에서는 지속적으로 코치와 학생이 일일 코칭 시간을 가진다.

1단계 : 목표 설정 세션

1. 목표를 수립한다. 고등학생들은 보통 기간별 목표 설정부터 시작해서 졸업 이후 계획까지, 장기적인 목표를 세우도록 권장한다.

2. 목표를 달성하는 중에 있을 수 있는 잠재적인 장애물을 발견하고 그 장애물들을 극복할 수 있는 계획들을 세운다.

3. 목표 성취를 위한 세부 계획을 작성한다.

2단계 : 일일 코칭 세션

일일 코칭은 매일 하는 행동들이 장기적인 목표를 달성하는 데 영향을 미칠 수 있다는 것을 학생들에게 이해시키는 데 목표를 둔다. 일일 코칭 때는 아래와 같은 질문들을 해볼 수 있다.

1. 어제 끝내기로 한 과제를 마쳤는가?
2. 자신이 노력한 양과 그에 따른 결과물에 만족하는가?
3. 오늘 주어진 과제 가운데 내일까지 마쳐야 하는 과제는 무엇인가?
4. 과제를 마치는 데 얼마큼의 시간이 필요하며 언제 마칠 수 있는가?
5. 과제를 마치는 것에 방해가 되는 활동들이 있는가?
6. 계획을 세워야 하는 장기적인 프로젝트나 시험들이 있는가?
7. 장기적 목표를 성취하기 위해 올바로 나아가고 있는가?

학생이 코칭에 참여하기로 결정했을 때 부모가 이에 동참하는 문제는 학생과 코치, 부모가 함께 절충하도록 하자. 코칭을 활용하는 이유 가운데 하나는 부모를 잔소리꾼 역할에서 벗어나게 하는 것이므로 부모는 이 문제에서 자녀의 결정을 존중하는 것이 좋다. 그렇다고 부모가 자녀의 학업 수행에 대해 관심을 기울이거나 도와주는 것을 포기해야 하는 것은 아니다. 코칭 초반에 부모는 코치와 만나서 의사소통 방식이나 공유할 정보에 대해 세부적인 내용을 논의해야 한다. 부모는 코치로부터 지속적으로 구체적인 보고를 받고 학생이 과정에 불참할 때는 코치가 부모에게 연락을 하는 체계를 만들자.

코칭이 아니라면 다른 대안은?

최선의 노력을 다했음에도 자녀가 코칭에 관심이 없다면 부모가 보다 더 적극적인 역할을 해야 한다. 자녀에게 문제해결권을 주는 것이 가장 좋다. 하지만 학업 문제는 오래 끌수록 악화된다. 그리고 수행력이 크게 떨어질수록 자녀는 문제에 더 압도되어 벗어나지 못할 수 있다. 이를 막기 위해 아래의 단계를 시도해보자.

• 문제가 다뤄지고 있다는 것을 확인할 수 있는 단기적인 기준점을 정한다. 단기적이라는 의미는 문제의 종류와 심각성에 따라 약간씩 다를 수 있다. 과제를 늦게 제출하거나 빼먹는 문제라면 매주 또는 격주로 피드백을 주고받는다. 과제와 쪽지 시험들을 잘 관리하는데도 성적이 부진하다면 시험의 빈도에 따라 피드백 시기를 결정한다.

• 별도의 확인 체계를 만든다. 제3자의 피드백 없이 자녀의 말만 믿는 것은 위험하다. 자녀의 말 외에 다른 필요한 정보를 얻어야 한다. 주로 중간보고서나 성적표가 적절한 정보가 될 것이다. 또한 성취의 정도에 대해서도 의견을 일치시켜야 한다. 예를 들어 자녀가 겨우 낙제를 면하는 수준을 성취라고 본다면 그것은 부모가 기대한 수준과 크게 다를 수 있다.

• 선생님이 제공하는 피드백을 활용한다. 요즘은 선생님들이 학교 웹사이트에 학생들에 대한 정보를 올려서 부모가 자녀의 상황을 거의 실시간으로 파악할 수 있다. 학교 웹사이트가 없다면 자녀의 구체적인 상

황에 대해 선생님과 자주 이메일을 주고받는 것이 좋다.

• 위와 같은 모든 방법을 동원했는데도 문제를 해결하기가 어려울 때는 부모가 좀 더 적극적인 역할을 해야 한다. 자녀와 함께 선생님을 만나자. 선생님이 문제해결을 위해 제안하는 것을 듣고 이에 대한 자녀의 반응을 들어야 할 것이다.

• 과정이 이쯤 진행되면 자녀와 갈등이 생길 가능성이 높다. 그렇더라도 포기하지 말고 긍정적인 태도를 유지하며 지속적으로 도움을 준다.

다음은 코칭에 대한 간단한 설명이다. 부모가 자녀나 자녀의 학교 교직원들에게 코칭을 소개할 때 활용하면 좋은 내용이다.

코칭 과정의 개요

코칭 모델은 10대들이 학교에서 보다 성공적으로 학업을 수행하고 스스로 세운 목표를 달성하도록 돕기 위해 설계되었다. 이 모델은 2단계로 이뤄져 있다.

1단계 코치는 학생과 함께 구체적이고 현실적인 장기 목표와 이런 목표를 달성하기 위한 계획을 수립한다.

2단계 코치는 학생이 시간을 계획하고, 숙제를 정리하고, 해야 할 일을 분할하고, 효과적인 학습 능력을 키우는 것을 돕고 지지하기 위해 정기적으로 학생과 만나 함께 작업한다.

코칭 과정에 대한 간략한 설명은 다음과 같다.

1단계 : 장기적인 목표 설정

고등학생들을 대상으로 장기적인 목표를 설정할 때는 고등학교 졸업과 그 이후의 계획에 대해 목표를 설정하는 것이 필요하다. 계획에 대학 진학이 포함된다면 코치는 학생이 어떤 종류의 대학에 가길 희망하는지 알아봐야 한다. 2년제, 4년제, 국립대학, 예술대학 등 대학의 종류는 매우 다양하다. 학생이 진학을 원하는 특정 대학이 있다면 목표의 한 부분으로 포함시키자. 1단계의 하위 단계들은 다음과 같다.

• Step 1 : 코치는 학생에게 장기적인 목표에 대해 설명해보게 하고 필요하면 여과하는 질문들을 통해 목표를 다듬는다.

예) 고등학교를 졸업할 계획인가? 고등학교를 졸업한 이후 무엇을 하길 원하는가? 학업을 계속 이어갈 것인지 또는 직업 훈련을 받거나 직장을 구할 것인지. 만약 독립할 생각이라면 어떤 직장을 구하고 싶은지 생각해보자.

• Step 2 : 한 번에 하나의 목표를 다루면서 그 목표를 달성하기 위해 학생이 거쳐야 할 단계들을 수립한다. 이것은 전 과목에서 높은 점수를 받는 일처럼 단순할 수도 있고 보다 복잡할 수도 있다. 학생이 경쟁률이

높은 대학에 진학하길 원한다면 우등상을 받거나, 고급반에 들어가거나, 특별교육에 참여하는 것을 목표로 삼을 수 있다. 코치는 학생이 원하는 대학을 가기 위해 반드시 들어야 할 수업은 무엇인지 등에 관해 함께 논의한다.

- Step 3 : 코치와 학생은 특정 목표를 이루기 위해 극복해야 하는 장애물들이 무엇인지 논의해봐야 한다. 여기서 장애물이란 마지막 순간까지 과제를 미루거나, 수업에 빠지거나, 숙제를 잊어버리는 등의 구체적인 행동을 말한다.

- Step 4 : 코치와 학생은 자신들이 정의한 장애물들을 어떻게 극복할 것인지 상의한다. 예를 들어 마지막 순간까지 과제를 미루는 것이 문제라면 시간표를 만들고 그대로 실행하는 것이 도움이 된다고 결정할 수 있다. 또는 숙제를 잊어버리는 것이 문제라면 숙제를 기억하도록 알려주는 체계를 만드는 것이 적절한 방법이 된다. 코치와 학생은 각각의 장애물을 다루기 위한 한두 가지 전략을 찾아보는 작업을 함께한다.

- Step 5 : 이 단계가 되면 코치는 환경적인 변화가 필요한지를 학생이 스스로 파악하도록 돕는다. 이렇게 하면 시험공부 시간을 늘리거나, 조용한 교실에서 시험을 보거나, 취약한 과목에 대해 과외를 받거나, 꾸준히 과제를 해나가도록 매일 또는 매주 숙제를 관리하는 시스템을 활용하거나 하는 식으로 학생 스스로 성공을 위해 어떤 변화가 필요한지를 깨닫게 된다.

- Step 6 : 마지막 단계에서 코치는 계획이 학생의 능력 범위 내에 있

는지, 현실적으로 이룰 수 있는 것인지 학생과 함께 확인한다. 코칭 과정에서 어느 정도의 계획 수정은 필요하지만 수정에 앞서 충분히 시도해보는 것이 더욱 중요하다.

2단계 : 일일 코칭

일일 코칭은 학생이 어떤 일을 할 것인지, 언제까지 마칠 것인지 매번 계획하는 것이다. 첫 세션을 제외하고는 매 세션마다 (REAP review, evaluate, anticipate, plan – 검토하기, 평가하기, 예상하기, 계획하기)를 활용한다.

첫 세션에서 코치와 학생은 '1단계 : 장기적인 목표 설정'의 결과에 대해 검토한다. "우리가 지난 시간에 만나서 한 이야기 가운데 기억나는 것을 말해보자." 또는 "지난번에 이야기했던 목표에 대해서 말해줄래?" 같은 질문으로 시작할 수 있다. 기록을 참고해도 좋지만 학생은 자신의 기억을 바탕으로 질문에 답하는 것이 좋다. 그 다음 시급한 일이나 맡은 책임에 대해 논의해본다. 학업뿐 아니라 스포츠, 아르바이트, 동아리 등과 같은 방과 후 활동에 대해서도 함께 다룬다.

그런 후에 다음 코칭까지 학생이 해내고 싶은 것이 무엇인지 찾아보게 하고 코치는 이를 기록한다. 또한 다음날까지 해야 하는 숙제나 다른 장기적인 계획, 시험을 대비해서 공부하는 모든 학업 과제들도 기록한다. 여기서 코치와 학생은 시간표를 만들고 합리적인 학습 목표를 세우는 것이 좋다. 또한 '스페인어 수업에서 더 많이 대답하기', '생물 과목에서 도움을 받기 위해 방과 후에 남기' 등과 같이 학생이 행동 목표를 세우고 지키고자 하는 목표가 있다면 그것도 함께한다. 이렇게 할 일을 확인하고 나서 코치는 각각의 할 일에 대해 '8교시 자율 학습 시간에' 또는 '오늘 저녁 7시에서 8시 사이에'와 같이 완료 기한을 최대한 구체적으로 정한다. 그리고 오늘 세션은 어땠는지 간단한 평가를 하며 마친다. 코치와 학생은 코칭 중에 기록한 계획 복사본을 나눠 가진다.

이후에 진행되는 세션들은 계획대로 잘 실행되는지를 알아보기 위해서 첫 세션에서 기록한 과제들을 검토하는 것으로 시작한다. 코치는 계획에 대한 목록을 만들고 각 항목을 하나씩 읽으면서 학생이 그 일을 마쳤는지 물어보고 학생 스스로 평가 척도를 사용해서 얼마나 잘 완수했는지 점수를 매기게 한다. 그리고 코치와 학생은 결과에 대해 간단히 논의해본다.

다음 단계는 학생이 가까운 미래에 해야 할 일을 예상해보게 하는 것이다. 그것을 바탕으로 새로운 계획을 수립한다. 지난 계획을 통해 알게 된 정보를 활용해 새로운 과제, 시험 또는 해야 할 일을 더해나가자. 마지막 단계에서는 맨 처음 세션과 마찬가지로 코치와 학생이 다음 코칭까지 무엇을 해낼 것인지 함께 계획한다.

학생이 자주 실패하는 게 있다면 왜 실패했는지 함께 평가해본다. 이때 코치는 좀 더 현실적이고 성취 가능한 계획으로 수정하도록 돕는다. 시간이 지나면서 코치와 학생이 함께 작업하는 것이 편안해지면 코치는 학생이 일일 과제를 모두 완수할 수 있도록 다소 직설적으로 말해줄 필요도 있다.

똑똑한데 산만한 내 아이 집중력 키우는 10가지 로드맵

10대 집중력 수업

지은이 | 리처드 규어, 펙 도슨, 콜린 규어
옮긴이 | 정보경

편집 | 김소연 홍다예 이희진
디자인 | 한송이
마케팅 | 장기봉 이진목 김슬기

인쇄 | 금강인쇄

초판 인쇄 | 2024년 7월 29일
초판 발행 | 2024년 8월 5일

펴낸이 | 이진희
펴낸 곳 | 리스컴

주소 | 서울시 강남구 테헤란로87길 22, 7151호(삼성동, 한국도심공항)
전화번호 | 대표번호 02-540-5192
편집부 02-544-5194
FAX | 0504-479-4222
등록번호 | 제2-3348

ISBN 979-11-5616-780-8 13590
책값은 뒤표지에 있습니다.